高等职业教育网络工程课程群教材

网络组建与互联

主　编　马峰柏　李佼辉

副主编　王梓旭　于新奇　付　伟　李志强

主　审　王树军

中国水利水电出版社
www.waterpub.com.cn

·北京·

内 容 提 要

为了激发学生的学习兴趣，让学生快速掌握网络设备的配置和管理技术，本书围绕"做中学，学中做"的职业教育教学特色，内容以项目为驱动，使学生从一开始就带着项目开发任务进入学习，在做项目的过程中逐渐掌握完成任务所需的知识和技能。本书是项目驱动型教材，以任务为中心，以职业岗位能力为目标，按照网络规划和设计的基本流程组织教材内容。

本书共分为 7 个项目，25 个任务，包括初识计算机网络、网络体系结构、数据通信和网线制作、数制介绍、IP 地址和子网掩码、子网划分和网络汇聚、Cisco Packet Tracer 7.0 模拟器的安装和使用、交换机和路由器的基本应用以及使用路由器完成单臂路由、静态路由和动态路由的配置等，这些项目任务从整体上形成了构建小型园区网络的全过程，贴合实际需求。

本书概念清晰，逻辑性强，循序渐进，语言通俗易懂，适合作为高职院校计算机相关专业的网络互联设备和网络设备调试等课程的教材，也可供参加"网络设备调试员"职业资格考试人员使用。

图书在版编目（CIP）数据

网络组建与互联 / 马峰柏，李佼辉主编. -- 北京：中国水利水电出版社，2024. 9. --（高等职业教育网络工程课程群教材）. -- ISBN 978-7-5226-2610-9

Ⅰ. TP393

中国国家版本馆CIP数据核字第2024FB9438号

策划编辑：崔新勃	责任编辑：鞠向超	加工编辑：林晓珊	封面设计：苏 敏

书　　名	高等职业教育网络工程课程群教材 网络组建与互联 WANGLUO ZUJIAN YU HULIAN
作　　者	主　编　马峰柏　李佼辉 副主编　王梓旭　于新奇　付　伟　李志强 主　审　王树军
出版发行	中国水利水电出版社 （北京市海淀区玉渊潭南路 1 号 D 座　100038） 网址：www.waterpub.com.cn E-mail: mchannel@263.net（答疑） 　　　　sales@mwr.gov.cn 电话：（010）68545888（营销中心）、82562819（组稿）
经　　售	北京科水图书销售有限公司 电话：（010）68545874、63202643 全国各地新华书店和相关出版物销售网点
排　　版	北京万水电子信息有限公司
印　　刷	三河市鑫金马印装有限公司
规　　格	184mm×260mm　16 开本　9.25 印张　225 千字
版　　次	2024 年 9 月第 1 版　2024 年 9 月第 1 次印刷
印　　数	0001—3000 册
定　　价	39.00 元

前　　言

随着网络技术的发展，计算机网络的作用范围也越来越大。目前，很少有一个网络独立存在的情况，即使在一个小公司的内部也需要多个网络的互联，因此，网络组建技术及互联设备的配置成为使用、管理和设计计算机网络的必备知识。

"网络组建与互联"是一门高等职业院校网络技术相关专业学生必修的专业课程，实践操作是学好这门课程的最有效的方法之一。但由于学生数量增加，网络设备昂贵等问题导致学生动手实践的机会较少，因此，本书详细介绍了通过Cisco Packet Tracer 7.0模拟器的使用来解决这一难题，使学生有了一个方便而且相对真实的实践环境。

本书以Cisco Packet Tracer 7.0模拟器为平台，以接近实际应用为主思路，以项目教学为导向，采用"项目—任务—训练"的结构体系，重点讲解在网络组建和互联中广泛使用的交换机和路由器。本书共分为25个任务，每个任务都是从工作现场需求和实践应用需求中引入的，旨在培养学生完成工作任务及解决实际问题的技能。

本书由马峰柏、李佼辉担任主编，王梓旭、于新奇、付伟、李志强担任副主编，最后由马峰柏统稿，由王树军主审。

由于编者水平有限，书中存在不妥之处在所难免，恳请各位读者朋友批评指正。

编　者
2024 年 3 月

目　录

项目 1　网络基础知识

 项目导读

今天，人类的生活已经步入互联网时代，人们通过网络进行购物、交流和沟通。网络改变了人类传统的生活方式。

刘芳是一名职业院校学生，由于对网络的热爱报考了计算机网络专业，为了更好地学习其他专业知识，刘芳决定先学习网络基础知识，包括计算机网络的基本知识，OSI 和 TCP/IP 参考模型，网络传输介质和网线制作等。

 教学目标

（1）了解网络的定义、分类和组成。
（2）熟悉 OSI 和 TCP/IP 参考模型。
（3）熟悉网线制作和数据通信过程。

任务 1.1　初识计算机网络

【任务描述】

刘芳想应聘学校的网络管理员，在正式上岗之前要参加面试，需回答如下问题：
（1）通过自己对网络环境的观察，你认为网络应该有哪些组成部分？
（2）根据自己对网络的认识，说说网络具备哪些功能？
（3）根据自己的观察和了解，你认为网络有哪些类型？

刘芳经过努力得到了这个工作机会，将参加一些网络相关的培训，对网络的基础知识有更深入的了解。

【任务要求】

（1）了解网络的定义、分类和组成。
（2）了解网络的功能和发展过程。
（3）掌握局域网（LAN）的概念。

【知识链接】

1.1.1 计算机网络的定义

目前计算机网络的定义是：将分布在不同地理位置的多台具有独立自主功能的计算机系统，通过通信设备和通信线路连接起来，在计算机网络软件的支持下实现资源共享和数据通信的系统。

所谓计算机网络资源是指计算机网络中的硬件、软件和数据；共享是指计算机网络中的用户都能部分地或全部地使用这些资源。

1.1.2 计算机网络的组成

计算机网络一般是由网络硬件和网络软件组成。

1. 网络硬件

计算机网络系统的物质基础是网络硬件，包括网络服务器、网络工作站和网络设备。要构成一个计算机网络系统，首先要将计算机及其附属硬件设备与网络中的其他计算机系统用传输介质连接起来。不同的计算机网络系统，在硬件方面是有很大差别的。随着计算机技术和网络技术的发展，网络硬件也日渐多样化，功能更加强大，更加复杂。

2. 网络软件

网络功能是由网络软件来实现的。在网络系统中，网络上的每个用户都可享有系统中的各种资源，为此系统必须对用户进行控制。系统需要通过软件工具对网络资源进行全面的管理、调度和分配，并且采取一系列的安全保密措施，以防止用户对数据和信息的不合理访问，防止数据和信息被破坏或丢失，造成系统混乱。通常网络软件包括：

（1）网络协议软件：通过协议程序实现网络中通信计算机间的协调。

（2）网络通信软件：实现网络工作站之间的通信。

（3）网络操作系统：实现系统资源共享、管理用户对不同资源访问，是最主要的网络软件。

（4）网络管理软件：用来对网络资源进行管理和对网络进行维护的软件。

（5）网络应用软件：为网络用户提供服务并为网络用户解决实际问题的软件。

1.1.3 计算机网络的功能

计算机网络的功能主要体现在 3 个方面：资源共享、数据通信和分布处理。

1. 资源共享

所谓的资源是指构成系统的所有要素，包括软、硬件资源，如计算处理能力、大容量磁盘、高速打印机、绘图仪、通信线路、数据库、文件和其他计算机上的有关信息。由于受经济和其他因素的制约，这些资源并非（也不可能）所有用户都能独立拥有，所以网络上的计算机不仅可以使用自身的资源，也可以共享网络上的资源，从而增强网络上计算机的处理能力，提高计算机软硬件的利用率。

2. 数据通信

这是计算机网络最基本的功能，主要完成计算机网络中各个节点之间的系统通信。用户可以在网上传送电子邮件，发布新闻消息，进行电子购物、电子贸易、远程电子教育等。

3. 分布处理

一项复杂的任务可以划分成许多部分，由网络内各计算机分别协作并行完成有关部分，使整个系统的性能大为增强。

1.1.4 计算机网络的分类

从不同角度、按照不同的属性，计算机网络有多种分类方法。

1. 按计算机网络的拓扑结构划分

对不受形状或大小变化影响的几何图形的研究称为拓扑学。

由于计算机网络结构复杂，为了能简单明了并准确地认识其中的规律，把计算机网络中的设备抽象为"点"，把网络中的传输介质抽象为"线"，形成了由点和线组成的几何图形，从而抽象出了计算机网络的具体结构，称为计算机网络的拓扑结构。

确定计算机网络的拓扑结构是建设计算机网络的第一步，是实现各种计算机网络协议的基础，它对计算机网络的性能、系统的可靠性与通信费用都有着重大影响。

按照计算机网络的拓扑结构可以将计算机网络分为：总线型、环型、星型、树型和网状型 5 大类。

（1）总线型计算机网络。采用单根传输线作为传输介质，所有的站点都通过相应的硬件接口直接连到传输介质即总线上。任何一个站点发送的信号都可以沿着介质传输到其他所有站点上，但只有地址相符的站点才能真正接收。

总线型计算机网络布线容易、易于扩充，但总线的物理长度和容纳的站点数有限，因而多被用于组建局域网。总线中任一处发生故障将导致网络瘫痪，且故障诊断困难。

（2）环型计算机网络。在环型网络中，所有工作站连成一个闭合的环，环上传输的任何数据包都需穿过所有站点。

环型计算机网络结构简单，最大延迟固定，实时性较好，但容易出现由于某个站点出错而终止全网运行的情况，即可靠性较差，同时环型计算机网络扩充困难。

（3）星型计算机网络。这种网络中的每个站点都有一条单独的链路与中心节点相连，各站点之间的通信必须通过中心节点间接实现。

这种结构的优点是便于集中控制、易于维护、安全，而且某端用户设备因为故障而停机时也不会影响其他终端用户间的通信。但这种结构的中心系统必须具有极高的可靠性，否则中心系统一旦损坏，整个系统便趋于瘫痪。

（4）树型计算机网络。树型网络是星型网络的变异。计算机网络中各节点按层次进行连接，绝大多数节点先连接到次级中央节点上再连到中央节点上，节点所处的层次越高，其可靠性要求越高。这种网络容易扩展和进行故障隔离，但结构比较复杂，而且对根节点的依赖性太大。

（5）网状型计算机网络。一般又分为有规则型和无规则型，这种结构的最大特点是可靠性高，因为节点间存在着冗余链路，当某个链路出了故障时，还可选择其他链路进行传输。

2．按计算机网络作用范围划分

（1）局域网（Local Area Network，LAN）。局域网是指范围在几百米到十几千米内的计算机相互连接所构成的计算机网络。

局域网的拓扑结构主要有总线型、星型和环型。

（2）城域网（Metropolitan Area Network，MAN）。城域网可以覆盖一个城市；城域网既可以支持数据和话音传输，也可以与有线电视相连。城域网一般比较简单。

（3）广域网（Wide Area Network，WAN）。广域网通常跨接更大的范围，如一个国家。在大多数广域网中，通信子网一般都包括两部分：传输信道和转接设备。实际上，使用广域网技术构建与城域网覆盖范围大小相当的网络，更加便捷实用。

除了使用卫星的广域网外，几乎所有的广域网都采用存储转发方式。

3．按计算机网络传输技术划分

（1）广播式传输计算机网络。在这种计算机网络中，数据在共用介质中传输，所有接入该介质的站点都能接收到该数据，无线网和总线型计算机网络就属于这种类型。这种计算机网络的好处是节省传输介质，但是出现故障后，不容易排除。

（2）点对点传输计算机网络。在这种计算机网络中，数据以点到点的方式在计算机或通信设备中传输，星型网和环型网采用这种传输方式。这种计算机网络的优点是易于诊断计算机网络故障。

4．按交换技术划分

按照计算机网络通信所采用的交换技术，可将计算机网络分成以下几类。

（1）电路交换。电路交换要求必须首先在通信双方之间建立连接通道。在连接建立成功之后，双方的通信活动才能开始。通信双方需要传递的信息都是通过已经建立好的连接来进行传递的，并且这个连接也将一直被维持到双方的通信结束。

（2）报文交换。报文交换的主要特点是：存储接受到的报文，判断其目标地址以选择路由，最后，在下一跳路由空闲时，将数据转发给下一跳路由。报文交换系统现今都由分组交换或电路交换网络所承载。

（3）分组交换。分组交换是一种数位通信网络。它将资料组合成适当大小的区块，称为封包，再通过网络来传输。这个传送封包的网络是共享的，每个单位都可以独立把封包再传送出去，而且配置自己需要的资源。

1.1.5　计算机网络的发展过程

1．单计算机联机系统

20世纪50年代中后期，多个终端（Terminal）通过通信线路连接到一台中心计算机上，形成了第一代计算机网络。

终端是计算机的外部设备，没有CPU和内存，仅有输入（键盘）、输出（显示器）功能，联机终端共享主机（Host）的软、硬件资源。

第一代计算机网络的典型应用是：20世纪60年代初，美国航空公司建起了由一台计算机连接美国各地 2000 多个终端的航空售票系统。

这种计算机网络的缺点是：

（1）主机既要进行数据处理又要负责通信控制，主机负荷重。一旦主机发生了故障，则有可能全网瘫痪，所以可靠性低。

（2）每个终端都独占一条通信线路，线路利用率极低，尤其是终端距离主机较远时更是如此，通信线路费用昂贵。

为了克服线路利用率低的问题，通常在用户终端较集中的地区设置一台集中器（又称终端控制器），多台终端通过低速线路先汇集到集中器上，然后再用较高速专线，或由公用电信网提供的高速线路，将集中器连到主机上。

2. 计算机—计算机联机系统

20 世纪 60 年代后期，多个主机通过通信线路互联起来的第二代计算机网络兴起。计算机网络结构从"主机—终端"模式转变为"主机—主机"网络模式，将多台计算机用通信线路连接起来。

这种计算机网络的典型代表是美国国防部高级研究计划局委托美国四所高校协助开发的 ARPANET 计算机网络，该计算机网络采用了分组交换技术。ARPANET 是世界上最早投入运行的计算机网络，是计算机网络发展的里程碑，它最后发展成目前的 Internet。

为了减轻主机的负担，将主机之间的通信任务从主机中分离出来，由通信控制处理机（Communication Control Processor，CCP）完成。这样，计算机网络分成通信子网和资源子网两层结构。

通信子网：由通信控制处理机、通信线路和通信协议构成，负责数据传输。

资源子网：由与通信子网互联的主机集合组成资源子网，负责运行程序、提供资源共享等。

通信控制处理机在网络中被称为网络节点，网络节点一方面作为与资源子网的主机、终端的连接接口，将主机和终端连入网内；另一方面网络节点又作为通信子网中的数据包储存转发节点，完成数据包的接收、校验、存储转发等功能，实现将源主机数据包发送到目的地的主机作用。

3. 计算机网络体系结构的形成

在最初阶段的计算机网络中，只有同一厂家的计算机可以组成网络，为了使不同厂家、不同结构的计算机间能互相通信，必须具有统一的计算机网络体系结构并遵循相同的国际标准协议。

为此，国际标准化组织 ISO 于 20 世纪 80 年代早期颁布了开放式系统互联参考模型——OSI/RM（Open System Interconnection/Reference Model），并为参考模型的各个层制定了一系列的协议标准，各计算机设备生产厂商遵循此标准生产的网络设备可以互相通信。OSI 参考模型对网络的发展起了极大的推动作用。

在 ARPANET 的实验性阶段，研究人员就开始了对 TCP/IP 协议的研究。在 1983 年年初，ARPANET 的所有主机开始使用 TCP/IP 协议，并且赢得了大量的用户和投资。IBM、DEC 等大公司也纷纷支持 TCP/IP 协议，网络操作系统与大型数据库产品都支持 TCP/IP 协议。由于连接 Internet 必须使用 TCP/IP 协议，所以 TCP/IP 协议成了事实上的业界标准。网络互联技术从此得到了迅速发展。

4. 高速计算机网络技术的发展

从 20 世纪 80 年代末开始，出现了光纤及高速计算机网络技术、多媒体、智能计算机网络，多个局域网互联起来，整个计算机网络就像一个对用户透明的大型计算机系统，这就是第四代计算机网络。

世界各地的计算机网、数据通信网以及公用电话网，通过路由器和各种通信线路连接起来，利用 TCP/IP 协议实现了不同类型的计算机网络之间相互通信，形成了因特网（Internet）。Internet 是世界知识宝库，它的出现改变了人们的工作、生活、学习、娱乐、购物等方面的方式和习惯，Internet 拉近了人们的距离，让世界变小，人们戏称生活在"地球村"中，生活内容更丰富了。正因为如此，联合国教科文组织提出：在当今社会，不会使用因特网的人是新文盲。

【思考与练习】

理论题

1. 计算机网络按照地理范围划分，共分为几种网络？
2. 什么是 LAN？
3. 计算机网络有哪些功能？对你的工作和学习生活影响最大的是什么功能？

任务 1.2　网络体系结构

【任务描述】

通过对上述网络基础知识的学习，刘芳已经顺利成为了一名网络管理员，为了进一步学习网络知识，其决定先熟悉网络体系结构，包括网络的层次结构、网络协议、OSI 参考模型和 TCP/IP 参考模型等。

【任务要求】

（1）了解什么是网络体系结构。
（2）了解网络的层次结构和网络协议。
（3）熟悉 OSI 和 TCP/IP 参考模型。

【知识链接】

1.2.1　网络体系结构的概念

计算机网络的层次及各层协议和层间接口的集合被称为网络体系结构（Network Architecture）。具体地说，网络体系结构是关于计算机网络应设置哪几层，每个层应提供哪些功能的精确定义。同一网络中，任意两个端系统必须具有相同的层次；不同的网络，分层的数量、各层的名称和功能以及协议都各不相同。世界上第一个网络体系结构是 IBM 公司于 1974 年提出的，称为 SNA（System Network Architecture，系统网络体系结构）。

1. 网络的层次结构

计算机网络的初期，各厂家的网络间是无法互相通信的。要想在不同厂商的两台计算机间进行通信，需解决许多复杂的技术问题，如何连接结构相异的计算机；如何使用不同的通信介质；如何使用不同的网络操作系统；如何支持不同的应用。这就像不同国家的两个人进行通信一样，要解决写信使用的语言、信封书写格式、两国邮政通邮的协议、邮局与运输等一系列问题。解决复杂的问题最常采用的方法是将复杂问题分解成多个容易解决的小问题，逐一解决。

在解决网络通信这样的复杂问题时，为了减少网络通信设计的复杂性，人们也按功能将计算机网络系统划分为多个层。每一层实现一些特定的功能。这种层次结构的设计称为网络层次结构模型。

划分层次的原则：网中各节点都有相同的层次；不同节点的同等层具有相同的功能；同一节点间的相邻层之间通过接口进行通信；每一层使用下一层提供的服务，并向其上一层提供服务；不同节点的同等层按照协议实现对同等层之间的通信。

2. 实体与对等实体

在网络的层次结构的每一层中，用于实现该层功能的活动元素被称为实体（Entity），包括该层上实际存在的所有硬件与软件，如终端、电子邮件系统、应用程序和进程等。不同机器上位于同一层次、完成相同功能的实体被称为对等（Peer to Peer）实体，如图 1-1 所示。

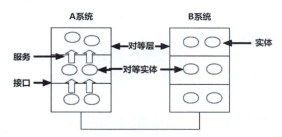

图 1-1　对等层与对等实体

服务访问点（SAP，Service Access Point），是相邻层之间进行通信的逻辑接口。每一层都向其上层提供服务访问点。在连接因特网的普通计算机上，物理层的服务访问点就是网卡接口（RJ-45 接口或 BNC 接口），应用层提供的服务访问点是用户界面。一个用户可同时使用多个服务访问点，但一个服务访问点在特定时间只能为一个用户使用。上层使用下层提供的服务是通过与下层交换一些命令实现的，这些命令称为"原语"。同一计算机的相邻层之间通过接口（Interface）进行通信。

1.2.2　OSI 参考模型

为了使不同的计算机网络系统间能相互通信，各网络系统必须遵守共同的通信协议和标准，即国际标准化组织 ISO 提出的开放式系统互联参考模型——OSI/RM。OSI 参考模型是一个描述网络层次结构的模型。任何两个系统只要都遵循 OSI 参考模型，相互连接就能进行通信。现在，OSI 标准已经被许多厂商所接受，成为指导网络设备制造的标准。

1. OSI 参考模型的层次结构

OSI 参考模型将计算机网络分为七层，这七层从低到高分为物理层、数据链路层、网络层、传输层、会话层、表示层和应用层，其层次结构如图 1-2 所示。

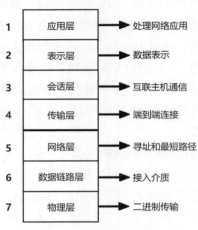

图 1-2　OSI 参考模型

两个用户计算机通过网络进行通信时，各对等层之间是通过该层的通信协议来进行通信的；对等层间交换的信息称为协议数据单元（PDU）。只有两个物理层之间才真正通过传输介质进行数据通信。

2. OSI 参考模型各层的主要功能

（1）物理层。物理层在源和目的主机之间定义有线的、无线的或光的通信规范，如传输介质的机械、电气、功能及规程等特性；建立、管理和释放物理介质的连接，实现比特流的透明传输。

（2）数据链路层。数据链路层在通信的实体间建立数据链路连接，传递以帧为单位的数据。采用差错控制和流量控制使不可靠的通信线路成为传输可靠的数据链路，实现无差错传输。

数据链路层将网络层传下来的 IP 数据报封装成帧（Frame），并添加定制报头，报头中包含目的主机和源主机的物理地址。

（3）网络层。网络层的主要功能是通过路由选择算法为分组通过通信子网选择适当的路径。网络层还实现流量控制、拥塞控制和网络连接。

（4）传输层。向用户提供可靠的端到端通信；透明地传送报文；向高层屏蔽了下层通信的细节。

（5）会话层。在两台机器间建立会话控制，管理两个通信主机之间的数据交换。

（6）表示层。这一层的主要功能是为异种机通信提供一种公共语言。把应用层提交的数据变换为能够共同理解的形式，提供数据格式、控制信息格式的转换和加密等的统一表示。提供数据压缩和恢复、加密和解密等服务。

（7）应用层。应用层是 OSI 系统的最高层，直接为应用进程提供服务，其作用是在实现系统应用进程相互通信的同时，作为应用进程的代理，完成一系列数据交换所需的服务。

3．数据的封装与解封装

数据在网络的各层间传送时，各层都要将上一层提供的协议数据单元（Protocol Data Unit，PDU）变为自己 PDU 的一部分，在上一层的协议数据单元的头部（和尾部）加入特定的协议头（和协议尾），这种增加数据头部（和尾部）的过程称为数据打包或数据封装。同样，在数据到达接收方的对等层后，接收方将识别和处理发送方对等层增加的数据头部（和尾部），接收方将增加的数据头部（和尾部）去除的过程称为数据拆包或数据解封。

协议数据单元是指对等层之间传递的数据单位。传输层的协议数据单元称为数据段（Segment）或报文（Message）；网络层的协议数据单元称为数据包（Packet），又称为分组或 IP 数据报；数据链路层的协议数据单元称为帧（Frame）。帧传送到物理层后，以比特流的方式通过传输介质传输出去。

1.2.3 TCP/IP 协议线模型

1．TCP/IP 协议栈模型的层次架构

ISO 制定的 OSI 参考模型因其过于庞大、复杂而招致许多批评。与此对照，由技术人员自己开发的 TCP/IP 协议栈模型则获得了更为广泛的应用。如图 1-3 所示是 OSI 参考模型与 TCP/IP 协议栈模型的对比示意图。

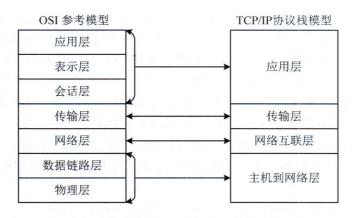

图 1-3　OSI 参考模型与 TCP/IP 协议栈模型的对比

2．TCP/IP 协议栈模型各层的功能

TCP/IP 协议栈模型分为 4 个层次：应用层、传输层、网络互联层和主机到网络层，如图 1-4 所示。

在 TCP/IP 协议栈模型中，去掉了 OSI 参考模型中的会话层和表示层（这两层的功能被合并到应用层实现）。同时将 OSI 参考模型中的数据链路层和物理层合并为主机到网络层。下面分别介绍 TCP/IP 协议栈模型中各层的主要功能。

（1）主机到网络层。实际上 TCP/IP 协议栈模型没有真正描述这一层的实现，只是要求能够提供给其上层（网络互联层）一个访问接口，以便在其上传递 IP 分组。由于这一层未被定义，所以其具体的实现方法也将随着网络类型的不同而不同。

应用层	HTTP、FTP、SMTP			SNMP、TFTP、RIP	
传输层	TCP			UDP	
网络互联层	IP				
主机到网络层	以太网	令牌环网	802.2	HDLC、PPP、FRAME-RELAY	
			802.3	EIA/TIA-232，449、V.21、V.35	

图 1-4　TCP/IP 协议栈模型

（2）网络互联层。网络互联层是整个 TCP/IP 协议栈的核心。它的功能是把分组发往目标网络或主机。同时，为了尽快地发送分组，可能需要沿不同的路径同时进行分组传递。因此，分组到达的顺序和发送的顺序可能不同，这就要求上层必须对分组进行排序。

网络互联层定义了分组格式和协议，即 IP 协议（Internet Protocol）。

网络互联层除了需要完成路由的功能外，也可以完成将不同类型的网络（异构网）互联的任务。除此之外，网络互联层还需要完成拥塞控制的功能。

（3）传输层。在 TCP/IP 协议栈模型中，传输层的功能是使源端主机和目标端主机上的对等实体可以进行会话。在传输层定义了两种服务质量不同的协议，即传输控制协议（Transmission Control Protocol，TCP）和用户数据报协议（User Datagram Protocol，UDP）。

TCP 协议是一个可靠的、面向连接的协议。它将一台主机发出的字节流无差错地发往互联网上的其他主机。在发送端，它负责把上层传送下来的字节流分成报文段并传递给下层。在接收端，它负责把收到的报文进行重组后递交给上层。TCP 协议还要处理端到端的流量控制，以避免缓慢接收的接收方没有足够的缓冲区接收发送方发送的大量数据。

UDP 协议是一个不可靠、无连接的协议，主要适用于不需要对报文进行排序和流量控制的场合。

（4）应用层。TCP/IP 协议栈模型将 OSI 参考模型中的会话层和表示层的功能合并到应用层实现。

应用层面向不同的网络应用引入了不同的应用层协议。其中，有基于 TCP 协议的，如文件传输协议（File Transfer Protocol，FTP）、虚拟终端协议（TELNET）、超文本传输协议（Hyper Text Transfer Protocol，HTTP）；也有基于 UDP 协议的，如简单网络管理协议（Simple Network Management Protocol，SNMP）、简单文件传输协议（Trivial File Transfer Protocol，TFTP）、网络时间协议（Network Time Protocol，NTP）等。

1.2.4　网络协议

在计算机网络中，两个相互通信的实体上的两个进程间通信，必须按照预先的共同约定进行。计算机网络中为进行数据交换而建立的规则、标准或约定的集合,称为网络协议(Network Protocol)。一个网络协议至少包括三个要素:语法——数据与控制信息的结构或格式;语义——规定控制信息的含义,即需要发出何种控制信息,完成何种动作以及做出何种应答;同步(时序)——即事件实现顺序的说明。

ARP 协议和 ICMP 协议是常用的 TCP/IP 底层协议。在对网络故障进行诊断的时候,它们也是最常用的协议。下面对其原理及应用进行介绍。

1. ARP 协议

(1)ARP 工作原理。ARP(Address Resolution Protocol,地址解析协议)是一个位于 TCP/IP 协议栈中的底层协议,负责将某个 IP 地址解析成对应的 MAC 地址。

当一个基于 TCP/IP 的应用程序需要从一台主机发送数据给另一台主机时,它把信息分割并封装成包,附上目的主机的 IP 地址,然后寻找 IP 地址到实际 MAC 地址的映射,这需要发送 ARP 广播消息。当 ARP 找到目的主机 MAC 地址后,就可以形成待发送帧的完整以太网帧头。最后协议栈将 IP 包封装到以太网帧中进行传送。

如图 1-5 所示描述了 ARP 广播过程,当主机 A 要和主机 B 通信(如主机 A Ping 主机 B)时,主机 A 会先检查其 ARP 缓存内是否有主机 B 的 MAC 地址。如果没有,主机 A 会发送一个 ARP 请求广播包,此包内包含着欲与之通信的主机 IP 地址,也就是主机 B 的 IP 地址。当主机 B 收到此广播后,会将自己的 MAC 地址利用 ARP 响应包传给主机 A,并更新自己的 ARP 缓存,也就是同时将主机 A 的 IP 地址/MAC 地址对保存起来,以供后面使用。主机 A 在得到主机 B 的 MAC 地址后就可以与主机 B 通信了。同时,主机 A 也将主机 B 的 IP 地址/MAC 地址对保存在自己的 ARP 缓存内。

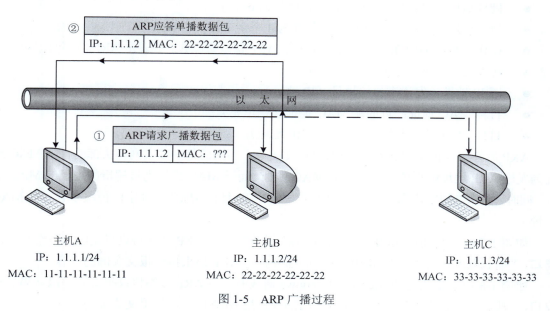

图 1-5　ARP 广播过程

(2)ARP 报文格式。ARP 报文被封装在以太网帧头部中传输,如图 1-6 所示是 ARP 请求协议报文头部格式。

图 1-6 中灰色部分是以太网（这里是 Ethernet Ⅱ类型）的帧头部。其中，第一个字段是广播类型的 MAC 地址：0xFF-FF-FF-FF-FF-FF，其目标是网络上的所有主机；第二个字段是源 MAC 地址，即请求地址解析的主机 MAC 地址；第三个字段是协议类型，这里用 0x0806 代表封装的上层协议是 ARP 协议。

00 01 02 03 04 05 06 07 08 09 10 11 12 13 14 15 16 17 18 19 20 21 22 23 24 25 26 27 28 29 30 31　　Bit

广播MAC地址（全1）		
广播MAC地址（全1）		源MAC地址
源MAC地址		
协议类型		
硬件类型		协议类型
硬件地址长度	协议地址长度	操作类型
源MAC地址		
源MAC地址		源IP地址
源IP地址		目标MAC地址（全0）
目标MAC地址（全0）		
目标IP地址		

图 1-6　ARP 请求协议报文头部格式

接下来是 ARP 协议报文部分。各字段的含义如下：

● 硬件类型：表明 ARP 实现在何种类型的网络上。

● 协议类型：解析协议（上层协议）。这里一般是 0x0800，即 IP。

● 硬件地址长度：MAC 地址长度，此处为 6 个字节。

● 协议地址长度：IP 地址长度，此处为 4 个字节。

● 操作类型：ARP 数据包类型。1 表示 ARP 请求数据包，2 表示 ARP 应答数据包。

● 源 MAC 地址：发送端 MAC 地址。

● 源 IP 地址：发送端协议地址（IP 地址）。

● 目标 MAC 地址：目的端 MAC 地址（待填充）。

● 目标 IP 地址：目的端协议地址（IP 地址）。

ARP 应答协议报文和 ARP 请求协议报文类似。不同的是，以太网帧头部的目标 MAC 地址为发送 ARP 地址解析请求的主机的 MAC 地址，而源 MAC 地址为被解析的主机的 MAC 地址。同时，操作类型字段为 2，表示 ARP 应答数据包，目标 MAC 地址字段被填充为目标 MAC 地址。

如图 1-7 所示是通过 Sniffer for Windows 捕获的一个 ARP 请求协议报文的解码结果显示窗口，"捕获数据包内容"窗体中间灰色的部分正是 ARP 请求协议报文头部的内容。

如图 1-8 所示是通过 Sniffer for Windows 捕获的一个 ARP 应答协议报文的解码结果显示窗口，"捕获数据包内容"窗体中间灰色的部分正是 ARP 应答协议报文头部的内容。

（3）MS-DOS 命令 ARP 的使用。作为运行 Windows 系统调试工作站，掌握其系统提供的 ARP 诊断命令是十分必要的。

No.	Status	Source Address	Dest Address	Summary	Len (Bytes)
5		Realtk3910B0	Broadcast	ARP: C PA=[192.168.0.253] PRO=IP	60

```
ARP: ----- ARP/RARP frame -----
  ARP:
  ARP: Hardware type = 1 (10Mb Ethernet)
  ARP: Protocol type = 0800 (IP)
  ARP: Length of hardware address = 6 bytes
  ARP: Length of protocol address = 4 bytes
  ARP: Opcode 1 (ARP request)
  ARP: Sender's hardware address = 00E04C3910B0
  ARP: Sender's protocol address = [192.168.0.44]
  ARP: Target hardware address  = 000000000000
  ARP: Target protocol address  = [192.168.0.253]
  ARP:
  ARP:
DLC:  Frame padding= 18 bytes
```

```
00000000: ff ff ff ff ff ff 00 e0 4c 39 10 b0 08 06 00 01    .邮9.?
00000010: 08 00 06 04 00 01 00 e0 4c 39 10 b0 c0 a8 00 2c    .....邮9.袄?.
00000020: 00 00 00 00 00 00 c0 a8 00 fd 00 00 00 00 00 00    括.I
00000030: 00 00 00 00 00 00 00 00 00 00 00 00                ...........
```

图 1-7　ARP 请求协议报文的解码结果

No.	Status	Source Address	Dest Address	Summary	Len (Bytes)
6		Cisco 0DDA40	Realtk3910B0	ARP R PA=[192.168.0.253] HA=Cisco	60

```
ARP: ----- ARP/RARP frame -----
  ARP:
  ARP: Hardware type = 1 (10Mb Ethernet)
  ARP: Protocol type = 0800 (IP)
  ARP: Length of hardware address = 6 bytes
  ARP: Length of protocol address = 4 bytes
  ARP: Opcode 2 (ARP reply)
  ARP: Sender's hardware address = 000BBE0DDA40
  ARP: Sender's protocol address = [192.168.0.253]
  ARP: Target hardware address  = 00E04C3910B0
  ARP: Target protocol address  = [192.168.0.44]
  ARP:
  ARP:
DLC:  Frame padding= 18 bytes
```

```
00000000: 00 e0 4c 39 10 b0 00 0b be 0d da 40 08 06 00 01    .邮9.?.?腾
00000010: 08 00 06 04 00 02 00 0b be 0d da 40 c0 a8 00 fd    .........?括
00000020: 00 e0 4c 39 10 b0 c0 a8 00 2c 00 00 00 00 00 00    .邮9.袄?
00000030: 00 00 00 00 00 00 00 00 00 00 00 00                ...........
```

图 1-8　ARP 应答协议报文的解码结果

在 Windows 系统的 MS-DOS 命令环境下键入"arp"并回车，将显示出此命令的使用帮助，如图 1-9 所示。

```
命令提示符                                                    _ □ ×

C:\>arp

Displays and modifies the IP-to-Physical address translation tables used by
address resolution protocol (ARP).

ARP -s inet_addr eth_addr [if_addr]
ARP -d inet_addr [if_addr]
ARP -a [inet_addr] [-N if_addr]

  -a           Displays current ARP entries by interrogating the current
               protocol data.  If inet_addr is specified, the IP and Physical
               addresses for only the specified computer are displayed.  If
               more than one network interface uses ARP, entries for each ARP
               table are displayed.
  -g           Same as -a.
  inet_addr    Specifies an internet address.
  -N if_addr   Displays the ARP entries for the network interface specified
               by if_addr.
  -d           Deletes the host specified by inet_addr. inet_addr may be
               wildcarded with * to delete all hosts.
  -s           Adds the host and associates the Internet address inet_addr
               with the Physical address eth_addr.  The Physical address is
               given as 6 hexadecimal bytes separated by hyphens.  The entry
               is permanent.
  eth_addr     Specifies a physical address.
  if_addr      If present, this specifies the Internet address of the
               interface whose address translation table should be modified.
               If not present, the first applicable interface will be used.
Example:
  > arp -s 157.55.85.212   00-aa-00-62-c6-09  .... Adds a static entry.
  > arp -a                                    .... Displays the arp table.

C:\>
```

图 1-9　arp 命令的使用帮助

在 Windows 的 MS-DOS 提示符后键入命令"arp -a",可以查看当前的 ARP 缓存,如图 1-10 所示。

在图 1-10 中列出了一个 ARP 条目,即 IP 地址 192.168.0.111 到其 MAC 地址 00-11-21-73-30-40 的映射。因为该条目是通过 ARP 广播动态获得的,因此其类型字段被标为"动态"(dynamic)。如果当前未获得任何 ARP 条目,则该命令将指出 ARP 缓存为空,如图 1-11 所示。

图 1-10　Windows 环境下命令 arp –a 的输出结果

图 1-11　ARP 缓存为空

注意:一般情况下,路由器不转发 ARP 广播,因此 ARP 不能用来确定远程网络设备的硬件地址。对于目标主机位于远程网络的情况,主机利用 ARP 确定默认网关(路由器以太接口)的硬件地址,并将数据包发到默认网关,由路由器按自己的方式转发数据包。

对于经常使用且很少变更的 ARP 条目,如默认网关,我们可以手工建立 ARP 映射条目。利用命令"arp -s *dest_IP dest_MAC*"来建立静态的 ARP 条目。还可以利用"arp -d *dest_IP*"命令删除静态 ARP 条目,如图 1-12 所示。

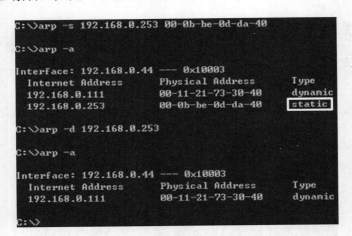

图 1-12　手工建立、删除 ARP 条目

在图 1-12 中,利用命令"arp -s 192.168.0.253 00-0b-be-0d-da-40"建立了一个静态 ARP 映射条目并予以显示。之后,利用命令"arp -d 192.168.0.253"删除刚才建立的 ARP 条目并显示。

注意:手工建立 ARP 条目必须确保被映射的 ARP 条目(IP 地址、MAC 地址)的正确性,否则主机将无法与该 IP 地址通信。

2. ICMP 协议

(1)ICMP 协议。IP 协议是一种不可靠的协议,无法进行检错。但 IP 协议可以借助其他协议来实现这一功能,如网间控制报文协议(Internet Control Messages Protocol,ICMP)。

ICMP 协议允许主机或路由器报告差错情况和提供有关异常情况的报告。

一般来说，ICMP 报文提供针对网络层的错误诊断、拥塞控制、路径控制和查询服务四项功能。例如，当一个分组无法到达目的站点或 TTL 超时后，路由器就会丢弃此分组，并向源站点返回一个目的站点不可到达的 ICMP 报文。

ICMP 报文大体可以分为两种类型，即 ICMP 差错报文和 ICMP 询问报文。若细分又可分为很多类型，见表 1-1。

表 1-1 ICMP 报文类型

类型	代码	描述	查询	差错
0	0	回射应答（Ping 应答）	√	
3		目标不可达		
	0	网络不可达		√
	1	主机不可达		√
	2	协议不可达		√
	3	端口不可达		√
	4	需要分片但设置了不分片位		√
	5	源站选路失败		√
	6	目的网络不认识		√
	7	目的主机不认识		√
	8	源主机被隔离（作废不用）		√
	9	目的网络被强制禁止		√
	10	目的主机被强制禁止		√
	11	由于服务类型 TOS，网络不可达		√
	12	由于服务类型 TOS，主机不可达		√
	13	由于过滤，通信被强制禁止		√
	14	主机越权		√
	15	优先权中止生效		√
4	0	源端被关闭（基本流控制）		√
5		重定向		
	0	对网络重定向		√
	1	对主机重定向		√
	2	对服务类型和网络重定向		√
	3	对服务类型和主机重定向		√
8	0	回射请求（Ping 请求）	√	
9	0	路由器通告	√	
10	0	路由器请求	√	
11		超时		
	0	传输期间生存时间为 0		√
	1	在数据报组装期间生存时间为 0		√
12		参数问题		
	0	坏的 IP 头部（包括各种差错）		√
	1	缺少必要的选项		√
13	0	时间戳请求	√	
14	0	时间戳应答	√	

类型	代码	描述	查询	差错
15	0	信息请求（作废不用）	√	
16	0	信息应答（作废不用）	√	
17	0	地址掩码请求	√	
18	0	地址掩码应答	√	

（2）ICMP 回射请求和应答报文头部格式。ICMP 报文被封装在 IP 数据报内部传输。如图 1-13 所示是 ICMP 回射请求和应答报文头部格式。

00 01 02 03 04 05 06 07 08 09 10 11 12 13 14 15 16 17 18 19 20 21 22 23 24 25 26 27 28 29 30 31 bit

IP 头部（20 字节）		
类型（0，8）	代码（0）	校验和
标识符		序列号
选项（若有）		

图 1-13　ICMP 回射请求和应答报文头部格式

各种 ICMP 报文头部的前 32 位都一样，它们是：

● 8 位类型和 8 位代码字段：共同决定了 ICMP 报文的类型。常见的有：

➢ 类型 8、代码 0：回射请求。

➢ 类型 0、代码 0：回射应答。

➢ 类型 11、代码 0：超时。

● 16 位校验和字段：包括数据在内的整个 ICMP 数据包的校验和，其计算方法和 IP 头部校验和的计算方法是一样的。

对于 ICMP 回射请求和应答报文来说，接下来是 16 位标识符字段，用于标识本 ICMP 进程。最后是 16 位序列号字段，用于判断回射应答数据报。

如图 1-14 和图 1-15 所示，分别是通过 Sniffer for Windows 捕获的一个 ICMP 回射请求和应答协议报文的解码结果显示窗口，"捕获数据包内容"窗体中间灰色的部分分别是 ICMP 回射请求和应答协议报文头部的内容。

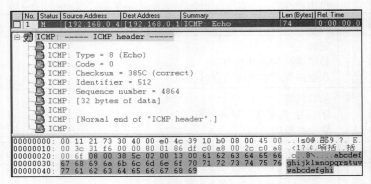

图 1-14　ICMP 回射请求协议报文的解码结果

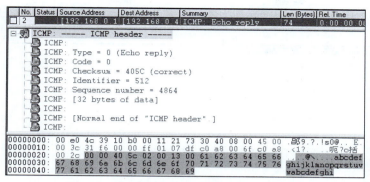

图 1-15 ICMP 回射应答协议报文的解码结果

（3）ICMP 目标不可达报文。如图 1-16 所示是 ICMP 目标不可达报文头部格式。其中代码字段的不同值代表不同的含义，如 0 代表网络不可达、1 代表主机不可达等。

00 01 02 03 04 05 06 07 08 09 10 11 12 13 14 15 16 17 18 19 20 21 22 23 24 25 26 27 28 29 30 31 bit

IP 头部（20 字节）		
类型（3）	代码	校验和
未定义（全 0）		
IP 头部（包括选项）+原始 IP 数据报中数据的前 8 字节		

图 1-16 ICMP 目标不可达报文头部格式

如图 1-17 所示是通过 Sniffer for Windows 捕获的一个 ICMP 目标不可达（主机不可达）报文的解码结果显示窗口，"捕获数据包内容"窗体中间灰色的部分正是目标不可达（主机不可达）报文头部的内容。

由于篇幅有限，这里不再分析其他类型 ICMP 协议数据包的格式。

（4）ping 原理与 ping 命令。ping 命令利用 ICMP 回射请求和回射应答等报文来测试目标系统是否可达等信息。

ICMP 回射请求和 ICMP 回射应答报文是配合工作的。当源主机向目标主机发送了 ICMP 回射请求数据包后，它期待着目标主机的回答。目标主机在收到一个 ICMP 回射请求数据包后，它会交换源、目的主机的地址，然后将收到的 ICMP 回射请求数据包中的数据部分原封不动地封装在自己的 ICMP 回射应答数据包中，然后发回给发送 ICMP 回射请求的一方。如果校验正确，发送者便认为目标主机的回射服务正常，也即物理连接畅通。

在 Windows 的 MS-DOS 命令环境下键入"ping"并回车，将显示出此命令的使用帮助，如图 1-18 所示。

在 Windows 的 ping 命令中，ICMP 包中的数据长度默认为 32 字节，其内容为英文小写字母循环系列（abcdefg…wabcdefghi）。在某些网络设备中，如 Cisco 路由器、交换机设备中，ICMP 包的内容模式是 16 进制的 0xabcd。

项目 1

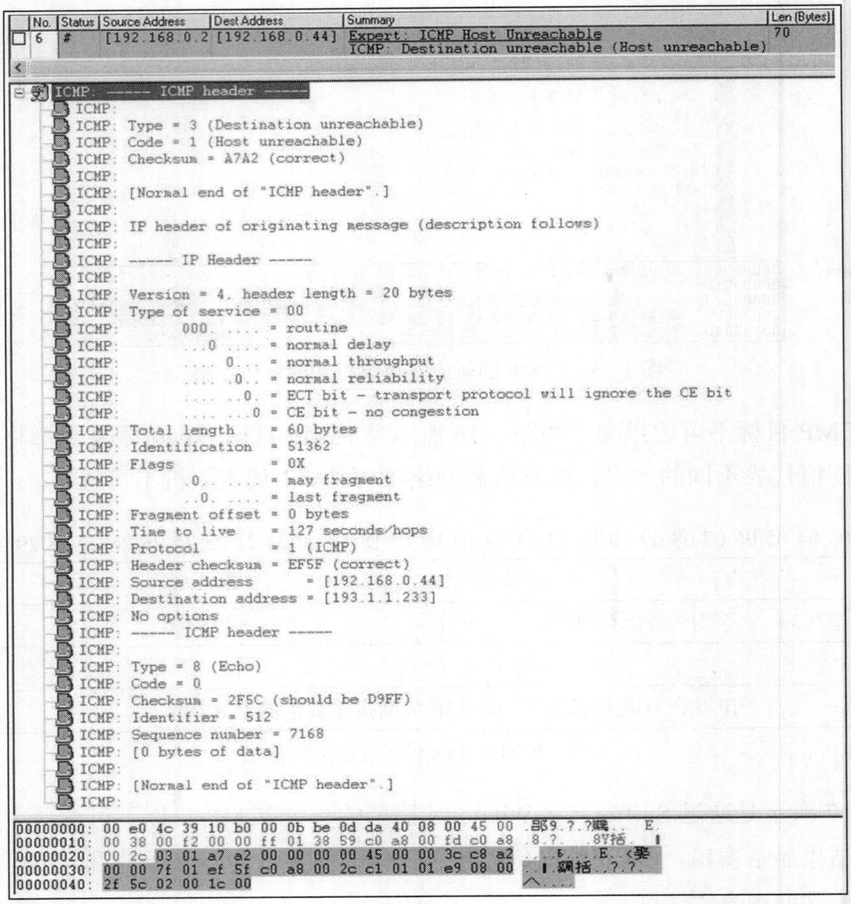

```
No. Status Source Address   Dest Address   Summary                                          Len (Bytes)
  6   #    [192.168.0.2 [192.168.0.44]  Expert: ICMP Host Unreachable                    70
                                         ICMP: Destination unreachable (Host unreachable)
ICMP: ----- ICMP header -----
ICMP:
ICMP: Type = 3 (Destination unreachable)
ICMP: Code = 1 (Host unreachable)
ICMP: Checksum = A7A2 (correct)
ICMP:
ICMP: [Normal end of "ICMP header".]
ICMP:
ICMP: IP header of originating message (description follows)
ICMP:
ICMP: ----- IP Header -----
ICMP:
ICMP: Version = 4. header length = 20 bytes
ICMP: Type of service = 00
ICMP:      000. .... = routine
ICMP:      ...0 .... = normal delay
ICMP:      .... 0... = normal throughput
ICMP:      .... .0.. = normal reliability
ICMP:      .... ..0. = ECT bit - transport protocol will ignore the CE bit
ICMP:      .... ...0 = CE bit - no congestion
ICMP: Total length   = 60 bytes
ICMP: Identification = 51362
ICMP: Flags          = 0X
ICMP:      .0.. .... = may fragment
ICMP:      ..0. .... = last fragment
ICMP: Fragment offset = 0 bytes
ICMP: Time to live   = 127 seconds/hops
ICMP: Protocol       = 1 (ICMP)
ICMP: Header checksum = EF5F (correct)
ICMP: Source address      = [192.168.0.44]
ICMP: Destination address = [193.1.1.233]
ICMP: No options
ICMP: ----- ICMP header -----
ICMP:
ICMP: Type = 8 (Echo)
ICMP: Code = 0
ICMP: Checksum = 2F5C (should be D9FF)
ICMP: Identifier = 512
ICMP: Sequence number = 7168
ICMP: [0 bytes of data]
ICMP:
ICMP: [Normal end of "ICMP header".]
ICMP:
00000000: 00 e0 4c 39 10 b0 00 0b be 0d da 40 08 00 45 00
00000010: 00 38 00 f2 00 00 ff 01 38 59 c0 a8 00 fd c0 a8
00000020: 00 2c 03 01 a7 a2 00 00 00 00 45 00 00 3c c8 a2
00000030: 00 00 7f 01 ef 5f c0 a8 00 2c c1 01 01 e9 08 00
00000040: 2f 5c 02 00 1c 00
```

图 1-17　ICMP 目标不可达（主机不可达）报文的解码结果

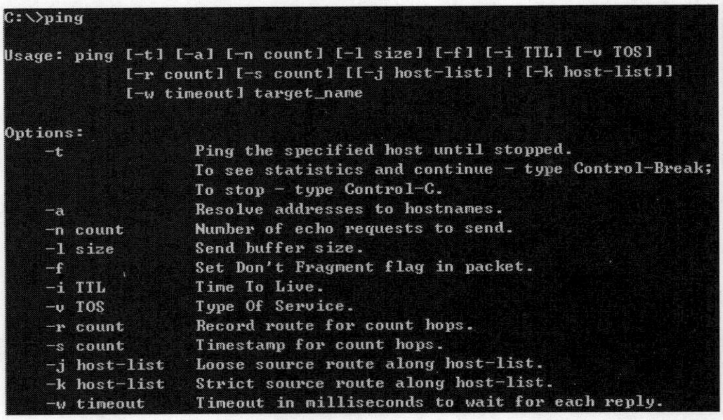

图 1-18　ping 命令的使用帮助

一个基本的 ping 命令的格式很简单，即 ping *dest_IP*，如图 1-19 所示。

在图 1-19 中共发送了 4 个 ICMP 回射请求数据包，每个数据包的大小（不含 Ethernet 头部、IP 头部及 ICMP 头部）为 32 字节。从 ping 的结果可以看出收到了 4 个返回的 ICMP 回射应答数据包。ping 的结果还给出了返回包的大小、包往返时间、返回包的 TTL 值及本次 ping 的统计信息。

```
C:\>ping 192.168.0.111

Pinging 192.168.0.111 with 32 bytes of data:

Reply from 192.168.0.111: bytes=32 time=2ms TTL=255
Reply from 192.168.0.111: bytes=32 time=1ms TTL=255
Reply from 192.168.0.111: bytes=32 time=1ms TTL=255
Reply from 192.168.0.111: bytes=32 time=1ms TTL=255

Ping statistics for 192.168.0.111:
    Packets: Sent = 4, Received = 4, Lost = 0 (0% loss),
Approximate round trip times in milli-seconds:
    Minimum = 1ms, Maximum = 2ms, Average = 1ms
```

图 1-19　基本的 ping 命令

图 1-18 列出了 ping 命令可以使用的参数列表，主要包括：

- -t：持续发送 ping 请求（使用 Ctrl+C 键中止）。
- -a：将 ping 的目标 IP 地址解析为主机名（需在目标 IP 前使用此参数）。
- -n：指定发送数据包的个数。
- -l：指定每个数据包的长度。
- -f：设置数据包的 IP 包头中的 DF（禁止分段）位。
- -i：指定数据包的 TTL（生存时间）。
- -v：设置数据包的 IP 包头中的 TOS（服务类型）位。
- -r：设置记录数据包往返经过路由的数量。
- -s：设置记录数据包往返经过路由的时间戳。
- -j：设置使用宽松的源路由。
- -k：设置使用严格的源路由。
- -w：指定等待数据包的应答时间。

上面列出的参数可以组合使用。例如，使用命令 ping -s 2 -n 1 -l 100 193.1.1.1 向目标主机 193.1.1.1 发送一个大小为 100 字节的 ICMP 数据包并指定记录沿途的两个时间戳，如图 1-20 所示。

```
C:\>ping -s 2 -n 1 -l 100 193.1.1.1

Pinging 193.1.1.1 with 100 bytes of data:

Reply from 193.1.1.1: bytes=100 time=1ms TTL=255
    Timestamp: 193.1.1.1 : 2162945101 ->
               192.168.0.253 : 2162945101

Ping statistics for 193.1.1.1:
    Packets: Sent = 1, Received = 1, Lost = 0 (0% loss),
Approximate round trip times in milli-seconds:
    Minimum = 1ms, Maximum = 1ms, Average = 1ms
```

图 1-20　组合使用 ping 参数

【思考与练习】

理论题

1．OSI 参考模型共分为几层？核心层是哪一层？作用是什么？

2．TCP/IP 参考模型共分为几层？与 OSI 参考模型的区别是什么？

3．Ping 命令属于哪个协议？它的作用是什么？

任务 1.3　数据通信和网线制作

【任务描述】

刘芳同学作为学校的网络管理员，经过之前的培训课程，对于网络已经有了一定的了解，现在开始进入工作状态，边学习边工作。她的第一个任务是利用双绞线制作不同种类的网线，完成对等网的数据通信，并且能用常用的网络测试命令测试网络状态。

【任务要求】

（1）理解数据传输的基础知识。

（2）掌握传输介质的分类、特性和网线的制作方法。

（3）掌握常用网络测试命令的使用方法。

【知识链接】

1.3.1　数据通信基础知识

1．数据通信的基本概念

从古到今人们都在研究和解决远距离快速通信的问题，传递信息的能力成为衡量人类社会进步的尺度之一。通信技术的发展使社会产生了深远的变革，为人类社会带来了巨大的效益。

数据（Data）：是对客观事实进行描述和记载的按一定规则排列组合的物理符号，在计算机科学中，数据是指用于输入电子计算机进行处理，具有一定的意义的数字、字母、符号和模拟量等的统称。

信息（Information）：是数据集合的含义或解释。如从学生健康指标中可分析出学生健康情况。

信号（Signal）：数据的物理量编码（通常为电磁编码），数据在传播中的电信号表示形式。信号中包含了所要传递的消息（信息）。信号一般以时间为自变量，用来表示消息（或数据）的某个参量（振幅、频率或相位）为因变量。信号按其因变量的取值是否连续可分为模拟信号和数字信号。

模拟信号是指时间上连续，幅值也连续的信号。电视图像信号、语音信号、温度压力传感器的输出信号以及许多遥感遥测信号都是模拟信号。

数字信号指时间上离散，幅度的取值被限制在有限个数值之内的离散信号。用电脉冲表示的二进制码就是一种数字信号。二进制码受噪声干扰小，易用数字电路进行处理，所以得到了广泛的应用。计算机数据、数字电话和数字电视信号等都是数字信号。

模拟信号与数字信号有着明显的差别，但二者之间在一定条件下是可以相互转化的。模拟信号可以通过采样、量化和编码等步骤变成数字信号，而数字信号也可以通过解码、平滑等步骤恢复为模拟信号。

由计算机或终端产生的数字信号，其频谱都是从 0 开始，这种未经调制的信号所占用的频率范围从 0 赫起可高到数百千赫，甚至若干兆赫。这个频带叫基本频带，简称基带（Base Band）。这种数字信号就称为基带信号。

2. 数据通信系统的基本结构

数据通信是在两个终端之间传递数据信息的一种通信方式。

通信的任务是将表示消息的信号从发送方（信源）传递到接收方（信宿）。通信系统由数据终端设备和数据传输系统组成，如图 1-21 所示。

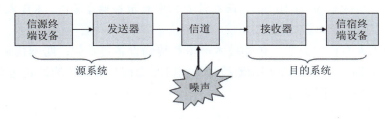

图 1-21　数据通信模型框图

在该系统中，由信源终端设备将输入的消息转换成数据信号，为了使该信号适合在信道中传输，发送器（又称信号变换器）根据不同传输介质的传输特性，对数据信号进行某种变换，变成适合于在信道上传输的信号，然后送入信道传输。在接收端，接收器把从信道上接收的信号转换成能被计算机接收的信号，再送给信宿终端设备处理。

信道是传输信号的媒质（通道），可以是有线的传输介质，也可以是无线的传输介质。任何信道都不完美，都可能对正在传输的信号产生干扰，这种干扰称为"噪声"。

3. 数据通信的主要技术指标

在数字通信中，我们一般使用比特率和误码率来分别描述数据信号传输速率的大小和传输质量的好坏等；在模拟通信中，我们常使用波特率和带宽来描述通信信道传输能力和数据信号对载波的调制速率。

（1）比特率。在数字信道中，比特率是数字信号的传输速率，它用单位时间内传输的二进制代码的有效位（bit）数来表示，其单位为每秒比特数 bit/s（bps）、每秒千比特数（Kbps）或每秒兆比特数（mbps）来表示（此处 K 和 m 分别为 1000 和 1000000，而不是涉及计算机存储器容量时的 1024 和 1048576）。

（2）误码率。误码率指在数据传输中的错误率。在计算机网络中一般要求数字信号误码率低于 10^{-6}。

（3）波特率。波特率指数据信号对载波的调制速率，它用单位时间内载波调制状态改变次数来表示，其单位为波特（baud）。

波特率与比特率的关系为：比特率=波特率×单个调制状态对应的二进制位数。

（4）带宽。带宽原指物理信道频带宽度，即信道允许传送信号的最高频率和最低频率之差，如图 1-22 所示。带宽通常以每秒传送周期或赫兹来表示，单位为 Hz。

图 1-22 带宽

在计算机网络中，所谓带宽（Bandwidth）可以理解为访问网络的速度，即数据传输率，单位 bps、kbps、Mbps、Gbps 或 Tbps，这里 k、M、G、T 间关系为 10^3。

注意：在通信领域 kbps 为 10^3bps。而在计算机中表示存储容量时，KB 表示 2^{10}（1024）字节。

影响带宽的因素有传输介质、传输技术类型和传输设备等。如：跨网传输时受两个网间的传输线路的带宽限制，使用调制解调器拨号上网时还受调制解调器的最高速率限制，以及受所访问站点的最大吞吐量限制等。

4. 数据的数字信号编码

用预先规定的方法利用不同的电平来表示一定的数字，称为数字编码。在数据通信中，用两个不同的电平来表示两个二进制数字（"0" 或 "1"），例如可使用低电平表示 "0"，使用高电平表示 "1"。或使用相反的表示。

常用的数字信号编码方式有三种：不归零编码、曼彻斯特编码和差分曼彻斯特编码。

（1）不归零编码。不归零编码（Non - Return to Zero，NRZ）规定用高、低电平表示 "1" 和 "0"，如图 1-23 所示。

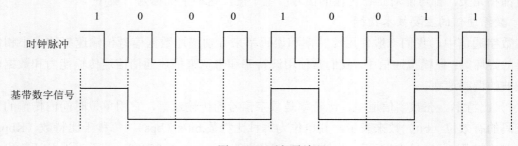

图 1-23 不归零编码

由于在一个码元的传送时间内，电压保持不变，不回到零状态，故称为不归零码。

它的缺点是：当出现连续 "0" 或 "1" 时，难以分辨每位的起停点，不具备自同步机制。且会产生直流分量的积累，使信号失真。因此，过去大多数数据传输系统都不采用这种编码方式。近年来，随着技术的完善，NRZ 编码已成为高速网络的主流技术。

（2）曼彻斯特编码。曼彻斯特编码（Manchester Encoding）是目前应用广泛的编码方法之一，其特点是每一位信号均用不同电平的两个半位来表示，每一位信号的中间都有跳变，若从低电平跳变到高电平，表示数字信号"0"；从高电平跳变到低电平，表示数字信号"1"（不同书中代表 0 和 1 的跳变有所不同），如图 1-24 所示。每个码元中间的跳变，在接收端可以作为位同步时钟，因此，这种编码也称为自同步编码。

曼彻斯特编码的缺点是需要双倍的传输带宽，即信号速率是数据速率的 2 倍。

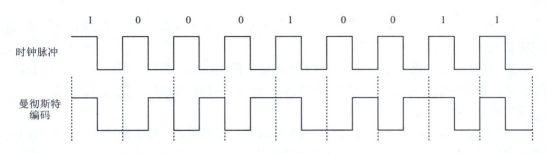

图 1-24 曼彻斯特编码

（3）差分曼彻斯特编码。差分曼彻斯特编码（Difference Manchester Encoding）是曼彻斯特编码的一种改进，其不同之处在于："0"或"1"的取值判断是用位的起始处有无跳变来表示，若一位信号的前半位和前一位信号的后半位相同则表示"1"，不同则表示"0"，即有跳变为"0"，无跳变为"1"。这种编码也是一种自同步编码，如图 1-25 所示。

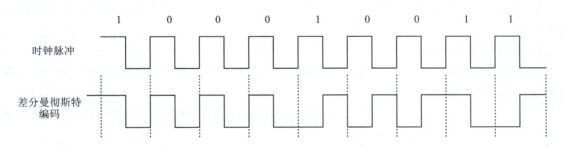

图 1-25 差分曼彻斯特编码

以上三种数字数据的编码方法的对比如图 1-26 所示。

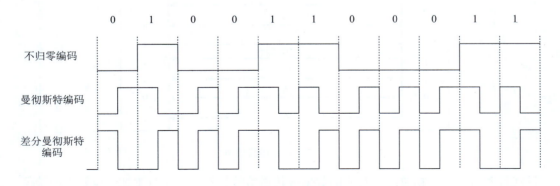

图 1-26 数字信号的三种编码方法

1.3.2 数据通信方式

1. 模拟通信和数字通信

在数据通信过程中，根据信道允许传输信号类型的不同，通信可分为模拟通信和数字通信。

（1）模拟通信。在信道上传输模拟信号的通信方式称为模拟通信，普通的电话、广播、电视等都属于模拟通信。

（2）数字通信。数字通信是指通信所用的信号形式是数字信号，用数字信号作为载体来传输信息，或者用数字信号对载波进行调制后，传输已调制的载波信号的通信方式。

数字通信系统的主要特点：

1）抗干扰能力强，可实现高质量的远距离通信。模拟通信系统中的噪声是有积累的，对远距离通信的质量造成很大的影响；而在数字通信系统中，噪声干扰经过中继器时被消除，然后再放大恢复出与原始信号相同的数字信号。此外，数字通信系统还可以采用许多具有检错或纠错能力的编码技术，进一步提高了系统的抗干扰能力。因此数字通信系统可以实现高质量的远距离通信。

2）能实现高保密通信。数字通信系统在数据传输过程中，可以对数字信号进行加密处理，使数字通信具有高度的保密性。

数字通信的最大缺点是占用的频带较宽。可以说数字通信的许多优点是以牺牲信道带宽为代价的。

2. 并行通信和串行通信

数据有两种传输方式：并行通信和串行通信。通常，并行通信用于距离较近的情况，串行通信用于较远的情况。

（1）并行通信方式。并行通信是指要传输的数据中的多个数据位在两个设备之间的多个信道中同时传输，如图 1-27 所示。

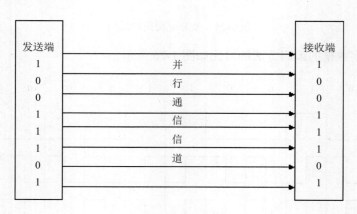

图 1-27　并行通信信道

发送设备将这些数据位通过对应的数据线传送给接收设备，还可附加一位数据校验位。

接收设备可同时接收到这些数据，不需要做任何变换就可直接使用。并行方式主要用于近距离通信，计算机并行端口与打印机连接就是并行通信的例子。这种通信方式的优点是传输速度快，处理简单。

（2）串行通信方式。使用一条数据线按照数字信号各位的次序逐位传送，叫串行通信。如发送方的计算机设备，将并行数据经并/串转换硬件转换成串行方式，再逐位经传输线传送到接收设备中。在接收端将数据从串行方式重新转换成并行方式，以供接收方计算机使用，如图 1-28 所示。串行数据传输的速度要比并行传输慢得多，但传输的距离更远。

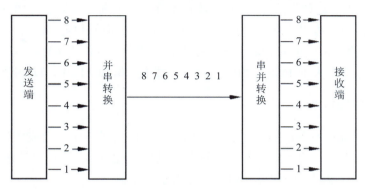

图 1-28　串行数据传输

在计算机领域和工业控制中，串行通信方式的使用非常广泛，串行通信技术标准有 EIA-232、EIA-422 和 EIA-485。由于 EIA（Electronic Industries Assoiciation，美国电子工业协会）提出的建议标准都是以"RS"作为前缀，所以在工业通信领域，习惯将上述标准以 RS 作前缀，如 RS-232、RS-422 和 RS-485。

在同步传送时，由于将整个数据块作为一个单位传输，附加的起、止码元非常少，从而提高了数据传输的效率，所以这种方法一般用在高速传输数据的系统中，比如计算机之间的数据通信。

3. 单工通信与双工通信

根据数据在信道上的传输方向，可将数据通信方式分为单工通信、半双工通信和全双工通信。

（1）单工通信。数据单向传输，数据信号仅可从一个站点传送到另一个站点，即信号流仅沿单方向流动，发送站和接收站是固定的。无线电、有线广播和电视都属于单工通信的类型。但在数据通信系统中，很少采用单工通信方式。

（2）半双工通信。半双工通信是指信号可以沿两个方向传送，但同一时刻信道中只允许单方向传送数据，两个方向的传输只能交替进行。当改变传输方向时，要通过开关进行切换。半双工信道适合于会话式通信，比如"对讲机"。半双工通信由于通信中频繁调换信道方向，所以效率低，但可节省传输线路。

（3）全双工通信。使用全双工通信，数据能同时沿信道的两个方向传输，即通信的一方在发送信息的同时也能接收信息，它相当于把两个相反方向的单工通信信道组合在一起，因此全双工通信一般采用四线制。全双工通信效率高，但它的结构复杂，成本也比较高。

4. 基带传输、频带传输和宽带传输

（1）基带传输。在数据通信中，表示二进制数字序列最方便的电信号形式为矩形脉冲，即数据"1"和"0"分别用电平的高和低来表示。矩形脉冲信号的固有频带称为基本频带（简称基带）。基带信号可以直接在数字信道中传送，称之为基带传输。由于受线路中分布电容和分布电感的影响，基带信号容易发生畸变，传输的距离受到限制。

（2）频带传输。在远距离传输中，是不能直接传输原始的电脉冲信号的，通常是利用模拟信道传输数据。这需要将数字信号调制成模拟信号后再传输，到达接收端时再把模拟信号解调成原来的数字信号，这种方法称为频带传输。利用频带传输不仅解决了数字信号可利用电话系统传输的问题，而且可以实现多路复用，以提高传输信道的利用率。

（3）宽带传输。将信道分成多个相互独立的子信道，可传输多路模拟信号，称为宽带传输。现在常指传输速率大于 1Mbps 的广域网接入技术，例如 ADSL、DDN 等。

1.3.3 差错控制技术

理想的通信系统是不存在的，在数据通信中，将由于噪声干扰造成接收端收到的数据与发送端发送的数据不一致的现象称为传输差错。判断数据经传输后是否有错的手段和方法称为差错检测，确保传输数据正确的方法和手段称为差错控制。

1. 差错的产生

（1）产生差错的原因。数据传输中所产生的差错都是由噪声引起的。噪声会造成传输中的数据信号失真，数据通信中的噪声主要包括：

1）物理线路的电气特性造成信号幅度、频率、相位的畸形和衰减。

2）电气信号在线路上产生反射所造成的回音效应。

3）相邻线路之间的串线干扰。

4）线路接触不良造成的信号时有时无。

5）大气中的闪电、自然界磁场的变化、电源接点间的放电、大功率电器的启停以及电源的波动等外界因素。

（2）误码率。误码率是指二进制数据位传输时出错的概率。它是衡量数据通信系统在正常工作情况下传输可靠性的指标。误码率计算公式为：$P_e = N_e/N$，在公式中，N 为传输的数据总位数；N_e 为其中出错的位数。

在计算机网络中，一般要求误码率低于 10^{-6}，在数据传输过程中可通过差错控制方法进行检错和纠错以减小误码率。

2. 常用差错控制编码

差错控制编码是用以实现对信号传输中差错控制的编码，分为纠错码和检错码两种。

纠错码是让每个传输的分组带上足够的冗余信息，以便在接收端能发现并自动纠正传输中的差错。纠错码实现复杂、造价高、费时间，在一般的通信场合不宜采用。

检错码让分组仅包含足以使接收端发现差错的冗余信息，但不能确定错误比特的位置，即自己不能纠正传输差错。需通过重传机制达到纠错，其原理简单，实现容易，编码与解码速度快，是网络中广泛使用的差错控制编码。

目前普遍采用的检错码编码方法如下：

（1）奇/偶校验码。奇/偶校验码是一种常用的检验码，其校验规则是：在原数据上附加一个校验位，其值为"0"或"1"，使附加该位后的整个数据码中"1"的个数成为奇数（奇校验）或偶数（偶校验），如"Y"的 ASCII 码为"1011001"，"1"的个数为 4，偶校验位为"0"。接收方计算接受到的码中 1 的个数来确定传输的正确性。

（2）水平垂直奇偶校验码。同时采用了水平方向奇/偶校验和垂直方向奇/偶校验，既对每个字符做校验，同时也对整个字符块的各位（包括各字符的校验位）做校验，则检错能力就可以明显提高，这种奇偶校验方式称为水平垂直奇偶校验，也称为纵横奇偶校验。如发送"NETWORK"，先对每个字符进行偶校验，再对所有字符的每一位进行偶检验。具体做法如图 1-29 所示。

字符	N 字符 1	E 字符 2	T 字符 3	W 字符 4	O 字符 5	R 字符 6	K 字符 7	LRC 字符（偶）
位 1	1	1	1	1	1	1	1	1
位 2	0	0	0	0	0	0	0	0
位 3	0	0	1	1	0	1	0	1
位 4	1	0	0	0	1	0	1	1
位 5	1	1	1	1	1	0	0	1
位 6	1	0	0	1	1	1	1	1
位 7	0	1	0	1	1	0	1	0
校验位（偶）	0	1	1	1	1	1	0	1

图 1-29　水平垂直偶校验

（3）循环冗余校验码。循环冗余校验（Cycle Redundancy Check，CRC）码是一种多项式编码。

循环冗余校验码的原理：收发双方约定一个 R 阶生成多项式 $G(x)$。发送方将要发送的报文当作多项式 $C(x)$ 的系数，将 $C(x)$ 左移 R 位，被生成多项式 $G(x)$ 的系数除，得到的 R 位余数就是校验码。

发送方把 CRC 校验码加在数据的末尾后发送出去。接收方则用 $G(x)$ 的系数去除接收到的数据，若有余数，则传输有错。

3. 差错控制方法

接收方一旦利用检错码检查出差错，通常采用自动请求重发方法来纠错。

自动请求重发（Automatic Repeat Request，ARQ）也称为检错重发，当发送站向接收站发送数据帧时，如果无差错，则接收站回送一个肯定应答（Acknowledgement，ACK）信息；如果接收方检测出错误，则发送一个否定应答（Negative-acknowledgement，NAK）信息，请求重发。ARQ 的特点是：只能检测出错码是在哪些帧中，但不能确定出错码的准确位置。

自动请求重发方式通过接收方请求发送方重传出错的数据帧来保证传输的正确，自动请求重发有停等式（Stop-and-Wait）ARQ 和连续式 ARQ 两种。

（1）停等式 ARQ。在停等式 ARQ 中，发送端在发送完一个数据帧后，要等待接收端返回应答信息。当应答为肯定应答（ACK）时，发送端才继续发送下一个数据帧；当应答为否定应答（NAK）时，发送端需要重发这个数据帧，其原理如图 1-30 所示。

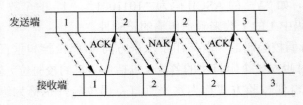

图 1-30　停等式 ARQ 原理

停等式 ARQ 协议非常简单，由于是一种半双工的协议，因此系统的通信效率低。

（2）连续式 ARQ。所谓连续式 ARQ 就是在发送完一帧后，不是停下来等待确认，而是连续再发若干包，边发边等待确认信息，如果收到了确认信息，又可以继续发送帧。由于减少了等待的时间，提高了利用率。连续 ARQ 在收到一个否认信息或超时后，有两种方式重发出错的包：回退 N 帧 ARQ 和选择性重传 ARQ。

1）回退 N 帧 ARQ。在回退 N 帧 ARQ 中，当发送方收到接收方的状态报告指示出错后，发送方将从出错的第 N 帧开始，重传已经发出的数据帧。以图 1-31 为例，假设发送端发出了 6 个数据帧，但接收端返回了对其中 2 号数据帧的否认信息；收到该 NAK 信息时，虽然发送端已经发出了数据帧 5，但发送端需要重新发送从 2 号数据帧开始的所有数据帧。

图 1-31　回退 N 帧 ARQ

2）选择性重传 ARQ。在选择性重传 ARQ 中，当发送方收到接收方的状态报告指示某个帧出错后，发送方只传送发生错误的帧。如图 1-32 所示，发送端只需要重新发送 2 号数据帧即可。

图 1-32　选择性重传 ARQ

1.3.4 网络传输介质

信息传输中离不开传输介质，传输介质通常分为有线介质（或有界介质）和无线介质（或无界介质）。

1. 双绞线

双绞线（TP，Twisted Pair）是目前使用最广、价格便宜的一种传输介质。它是由两条相互绝缘的铜导线扭绞在一起组成，以减少对邻近线对的电气干扰，及减轻外界电磁波对它的干扰，每英寸的线缆缠绕圈数越多屏蔽效果越好。双绞线分为屏蔽双绞线（图 1-33）和非屏蔽双绞线（图 1-34）。屏蔽双绞线的所有线对外部用金属网屏蔽以减少干扰。双绞线两端应使用 RJ-45 水晶头（图 1-35）。

图 1-33　屏蔽双绞线

图 1-34　无屏蔽双绞线

引脚

图 1-35　双绞线与水晶头

双绞线既可以传输模拟信号，又能传输数字信号。用双绞线传输数字信号时，由于干扰的影响，其数据传输率与电缆的长度有关，距离短时，数据传输率可以高一些。一段双绞线网线最长为 100m。

双绞线电缆的最大缺点是对电磁干扰比较敏感，因此双绞线电缆不能支持非常高速的数据传输。双绞线分类如下：

（1）3 类线：用于最高为 10Mb/s 的数据传输，常用于 10Base-T 以太网。

（2）4 类线：用于 16Mb/s 的令牌环网和大型 10Base-T 以太网。

（3）5 类线：用于 100Mb/s 的快速以太网。

（4）超 5 类：用于 1000Mb/s 以太网，4 对双绞线能实现全双工通信。

（5）6 类线：用于 1000Mb/s 以太网。

双绞线一般用于星型网络的布线，双绞线内有 4 对线，通过两端压接的 RJ-45 接头（俗称水晶头）将各种网络设备连接起来。双绞线与 RJ-45 接头的标准接法保证了线缆接头布局的对称性，使线缆之间的干扰相互抵消。

EIA/TIA（电子工业联盟/电信工业联盟）综合布线标准中双绞线接头线序有两种排法：T568A 标准和 T568B 标准。

T568A 线序：

1	2	3	4	5	6	7	8
白绿	绿	白橙	蓝	白蓝	橙	白棕	棕

T568B 线序：

1	2	3	4	5	6	7	8
白橙	橙	白绿	蓝	白蓝	绿	白棕	棕

根据双绞线两端接头中线序排法的异同，双绞线网线分为以下几种：

（1）直通线（Straight-Through）：直通线两端接头的线序相同，要么两端都是 T568A 标准，要么两端都是 T568B 标准。一般用来连接两个性质不同的接口，如 PC 机到交换机或集线器、路由器到交换机或集线器，线序连接如图 1-36（a）所示。

（2）交叉线（Cross Over）：交叉线两端接头的线序不同，一端按 T568A 标准，一端按 T568B 标准。一般用来连接两个性质相同的端口，如交换机到交换机、集线器到集线器、PC 机到 PC 机。线序连接如图 1-36（b）所示。

线对	色彩码
1	白蓝，蓝
2	白橙，橙
3	白绿，绿
4	白棕，棕

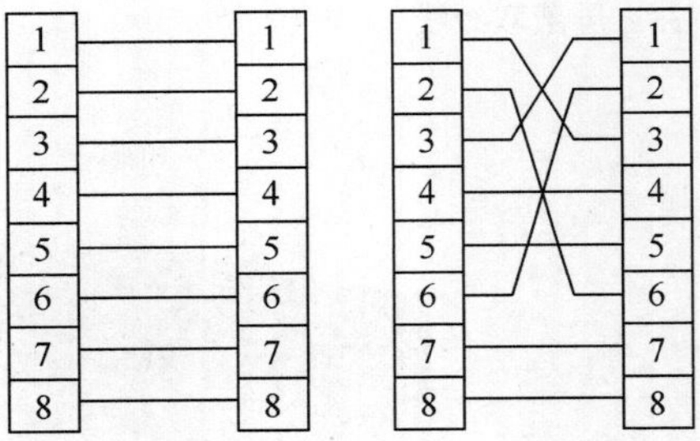

（a）直通线　　　（b）交叉线

图 1-36　双绞线网线线序

现在，交换机和路由器大多支持线序自适应功能。通过这个功能可以自动检测连接到接口上的网线类型，能够自动进行调节。一般交换机设备上会有一个 MDI/MDIX 按钮，有的路由器也拥有此按钮，我们可以通过按该按钮在 MDI 和 MDIX 工作模式之间进行切换。从而实现了两个同样的设备可以使用不同线序的网线来连接。在实际连接时，如果网络有问题或者端口不激活可进行 MDI/MDIX 模式切换。

（3）反转线（Rolled Cable）：是用来连接电脑和网络设备 Console 口之间的一种电缆，反转线一头是 RJ-45 水晶头，接网络设备的 Console 口，另一头是 RS-232C 9 针串口母头，接电脑 9 针串口公头。

2. 光纤

当光线从一种光密介质射向光疏介质时，光线会发生折射，如光线从玻璃射向空气，当入射角大于某一临界值时，光线将全反射回玻璃，而不会漏入空气，几乎无损耗地传播。

将熔化的玻璃或二氧化硅抽成超细玻璃丝或纤维形成光纤；光纤结构是圆柱形，包含有纤芯和封套，如图 1-37 所示。

图 1-37 光纤的侧面图

光纤按传输模式划分，分为多模光纤和单模光纤。如果纤芯的直径较粗，则光纤中可能有许多束沿不同角度同时传播的光波，将具有这种特性的光纤称为多模光纤（Multi Mode Fiber）；这种光纤的传输性能差，频带窄，传输速率较小，距离较短。如果将光纤纤芯直径减小到光波波长大小的时候，则光纤如同一个波导，光在光纤中的传播没有反射，而沿直线传播，这样的光纤称为单模光纤（Single Mode Fiber）。

光纤传输系统由三个部分组成：光纤传输介质、光源和检测器。光源在加上数字信号时会发出光脉冲，用光的出现表示"1"，不出现表示"0"；检测器是光电二极管，遇光时，它会产生一个电脉冲，从而通过光纤单向地传递了数据，如图 1-38 所示。

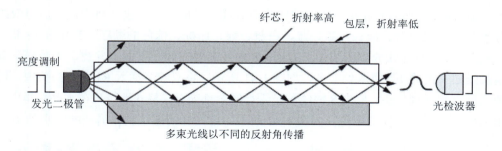

图 1-38 光纤数据传输系统

单模光纤采用固体激光器作光源，多模光纤则采用发光二极管作光源。

光纤通信的优点包括频带宽、传输容量大、重量轻、尺寸小、不受电信号的低频特性限制、不受电磁干扰和静电干扰、无串音干扰、保密性强、原料丰富及生产成本低等。因而，由多条光纤构成的光缆已成为当前主要的传输介质。

光纤连接器是光纤通信系统中的光无源器件，大多数的光纤连接器是由三个部分组成的：两个光纤接头和一个耦合器。光纤耦合器（Coupler）又称分歧器（Splitter），可将光信号从一条光纤分至多条光纤中。

光纤连接器也有单模、多模之分，且有螺口、方口、卡口等形状之分，常用的光纤连接器如图 1-39 所示。

光纤传输系统可以使用的带宽范围极大，目前受光/电以及电/光信号转换速度的限制，实际使用的带宽为 10Gb/s，今后可能实现完全的光交叉和光互连，即构成全光网络。

图 1-39　常用光纤连接器

【实现方法】

1. 网线制作

（1）准备工具。双绞线、RJ45 水晶头、双绞线压线钳、双绞线测试仪，如图 1-40 所示。

图 1-40　制作网线的工具

（2）制作网线两端的水晶头。用压线钳将双绞线一端的外皮剥去 3 厘米，然后将双绞线的两端分别都依次按白橙、橙、白绿、蓝、白蓝、绿、白棕、棕色的顺序（T568B 标准）压入 RJ45 水晶头内。将芯线放到压线钳切刀处，8 根线芯要在同一平面上并拢，而且尽量直，留下一定的线芯长度约 1.5 厘米处剪齐，如图 1-41 所示。将双绞线插入 RJ45 水晶头中，插入过程均衡力度直到插到尽头。检查 8 根线芯是否已经全部充分、整齐地排列在水晶头里面。用压线钳用力压紧水晶头，抽出即可，如图 1-42 所示。用同样的方法制作另一端的水晶头。

图 1-41　剪切线芯

图 1-42　压紧水晶头

（3）把网线的两头分别插到双绞线测试仪上，打开测试仪开关测试指示灯亮起来。如果正常网线，两排的指示灯都是同步亮的，如果有灯没同步亮，证明该线芯连接有问题，应重新制作，如图 1-43 所示。

2. 组建对等网

（1）准备工具。两台电脑，一条交叉式双绞线（网线）。

图 1-43　验证网线连通性

（2）连接两台电脑。把制作好的交叉式双绞线两端插入到两台计算机中。

（3）进行网络配置。在一台计算机桌面的"网络"上右击，选择"属性"菜单项，打开"网络和共享中心"窗口。点击"更改适配器设置"，接着在窗口的"本地连接"上右击，选择"属性"选项，在打开的"本地连接 属性"界面中，选中"Internet 协议版本 4（TCP/IPv4）"项，单击其下方的"属性"按钮，打开"Internet 协议版本 4（TCP/IPv4）属性"对话框。点选"使用下面的 IP 地址"，在 IP 地址后输入"192.168.1.2"，在"子网掩码"后输入"255.255.255.0"，默认网关设为"192.168.1.1"，如图 1-44 所示。最后，设置"Windows 防火墙"。打开"Windows 防火墙"中的"允许程序通过 Windows 防火墙通信"后，在"允许程序和功能"列表中找到"文件和打印机共享"并勾选，单击"确定"按钮后完成网络的设置。

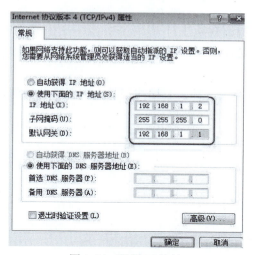

图 1-44　配置 IP 地址

（4）设置第二台电脑。依照上面的步骤，在另一台计算机上进行网络设置和共享设置。只不过在点选"使用下面的 IP 地址"后，"IP 地址"后要输入"192.168.1.3"，而其他的设置一概不变。设置完成后，两台计算机就能互联互通并共享对方文件了。

（5）利用 ping 命令测试网络连通性。选择两台主机中的一台来执行 ping 命令即可，开始菜单中选择"运行"，在对话框中输入"cmd"打开命令提示符界面，在命令提示符界面中输入"ping+对方的 IP 地址"，如"ping 192.168.1.3"，单击回车后查看测试结果。

如果测试结果显示"Reply from IP 地址：bytes=32 time<1ms TTL=128"的信息，表示两台主机可以正常通信，如图 1-45 所示。

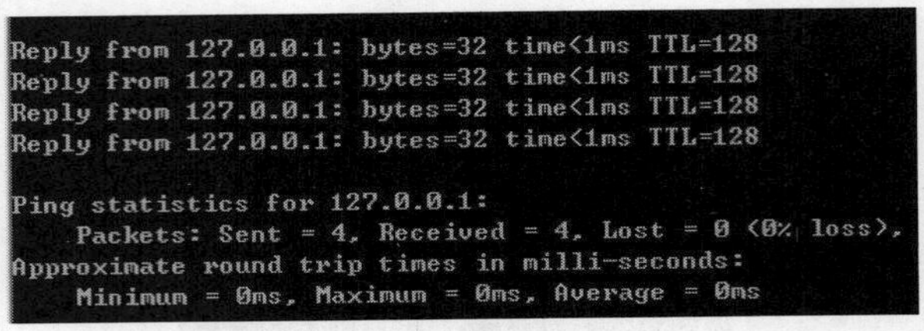

```
Reply from 127.0.0.1: bytes=32 time<1ms TTL=128
Reply from 127.0.0.1: bytes=32 time<1ms TTL=128
Reply from 127.0.0.1: bytes=32 time<1ms TTL=128
Reply from 127.0.0.1: bytes=32 time<1ms TTL=128

Ping statistics for 127.0.0.1:
    Packets: Sent = 4, Received = 4, Lost = 0 (0% loss),
Approximate round trip times in milli-seconds:
    Minimum = 0ms, Maximum = 0ms, Average = 0ms
```

图 1-45　两台计算机正常通信界面

如果测试结果显示"Request timed out",表示两台主机无法连通,如图 1-46 所示。

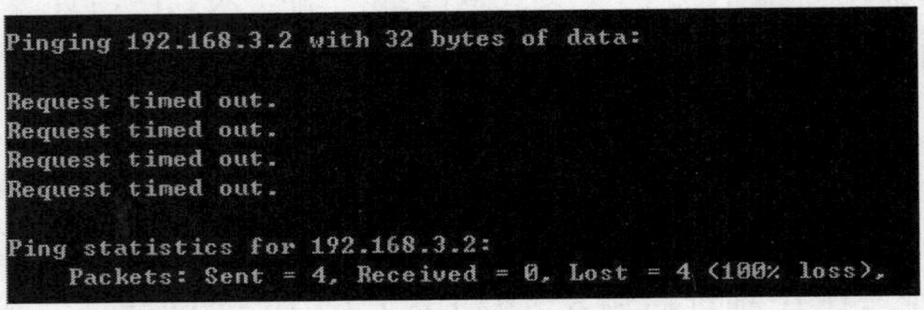

```
Pinging 192.168.3.2 with 32 bytes of data:

Request timed out.
Request timed out.
Request timed out.
Request timed out.

Ping statistics for 192.168.3.2:
    Packets: Sent = 4, Received = 0, Lost = 4 (100% loss),
```

图 1-46　两台主机无法连通

【思考与练习】

理论题

1. 常见的网络传输介质都有哪些?
2. 组建对等网的要求是什么,都需要哪些设置?

实训题

制作一根 2.5 米长的直通线,都需要哪些工具,需要哪些步骤?赶紧动手去完成吧。

项目2 认识 IP 地址

 **项目导读**

在 TCP/IP 的四层模型中，每一层中的对等实体为了标识自己，需要拥有一个唯一的名字。在模型的最底层——主机到网络层，使用网络适配器的物理地址（MAC 地址）标识处于同一个网段的不同主机；在网络互联层，使用 IP 地址来标识整个网络中不同的主机；在传输层，使用端口号来标识运行在某台主机上的不同网络应用程序；在应用层，使用易于辨别、易于记忆的主机地址来标识整个因特网中的不同主机。

作为学校的网络管理员，为了更好地学习后续知识，刘芳想从 TCP/IP 参考模型的核心层网络互联层开始，熟悉 IP 地址的相关知识。

 **教学目标**

（1）熟悉二进制及常用的数制转换方法。
（2）掌握 IP 地址相关知识。
（3）掌握子网划分（VLSM）的方法。
（4）熟悉网络汇聚（CIDR）的方法。

任务 2.1　数制介绍

【任务描述】

计算机内部采用二进制进行数据交换和处理，采用二进制表示数可以节省设备；二进制的四则运算规则十分简单，而且四则运算最后都可归结为加法运算和移位，大大简化了计算中运算部件的结构。

二进制是学习计算机网络课程的基础，作为网络管理员，刘芳需要熟悉数制的概念以及常用数制的转换方法。

【任务要求】

（1）了解数制的基本概念。
（2）了解计算机中常用的数制。

（3）掌握常用数制转换的方法。

（4）熟悉二进制。

【知识链接】

2.1.1 数制的概念

数制也称计数制，是用一组固定的符号和统一的规则来表示数值的方法。任何一个数制都包含两个基本要素：基数和位权。数制包含二进制、八进制、十进制和十六进制。不同的数制间可以进行进制转换。

2.1.2 常用的数制

1. 二进制的特征

（1）有 2 个数字：0，1。

（2）运算时逢二进一。

（3）每个数字在不同数位上，其值以 2 的倍数递增。即 2^0、2^1、2^2、2^3、2^4…用二进制数表示一个数值时，位数比较长，不便书写和记忆。因此，在编程中，我们常用的还是十进制，十六进制也会用到。

2. 八进制数的特征

（1）有八个数字：0、1、2、3、4、5、6、7。

（2）运算时逢八进一。

3. 十进制数的特征

（1）有 10 个数字：0、1、2、3、4、5、6、7、8、9。

（2）运算时逢十进一。

（3）每个数字在不同的数位上，其值的大小是不同的。数位：个、十、百、千、万…对应的数值为 10^0、10^1、10^2、10^3、10^4…。

4. 十六进制数的特征

（1）有十六个数字：0、1、2、3、4、5、6、7、8、9、A、B、C、D、E、F。

（2）运算时逢十六进一。

（3）在十六进制中，分别用 A、B、C、D、E 和 F 来表示十进制数的 10、11、12、13、14 和 15。

2.1.3 数制转换

如表 2-1 所示为一个字节的 8 位二进制所对应的十进制基础数值，对数值转换和类似的题目理解非常有用。

表 2-1 二进制转换基础数值

十进制基础数值	$2^7=128$	$2^6=64$	$2^5=32$	$2^4=16$	$2^3=8$	$2^2=4$	$2^1=2$	$2^0=1$
二进制位	1	1	1	1	1	1	1	1

下面介绍常用的数制转换计算方法。

1. 二进制转十进制

任何一个二进制数转十进制的值都用它的按位权展开式表示。

例如：将二进制数$(10101)_2$转换成十进制数。

$(10101)_2=1\times2^4+0\times2^3+1\times2^2+0\times2^1+1\times2^0=16+4+1=21$

2. 十进制转二进制

将十进制整数转换成二进制采用"除 2 取倒余法"，即将十进制数除以 2，得到一个商和一个余数，再将商除以 2，又得到一个商和一个余数，以此类推，直到商等于零为止，最后把每次得到的余数倒叙排列，即为转换的结果。

例如：将十进制 40 转换为二进制，如图 2-1 所示，结果为$(40)_{10}=(101000)_2$。

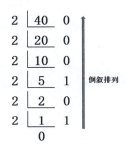

图 2-1　将"40"转为二进制

3. 二进制转八进制

将二进制数转换成八进制数采用取三合一法，即从二进制的最右侧开始，向左每三位取成一位（如果不足三位的，左侧补 0），接着将这三位二进制按权相加，得到的数就是一位八进制数，然后，按顺序进行排列，得到的数字就是我们所求的八进制数。

例如：将$(101110)_2$转换为八进制，如图 2-2 所示，结果为$(101110)_2=(56)_8$。

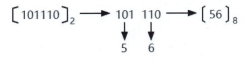

图 2-2　二进制转八进制

4. 二进制转十六进制

与二进制转八进制相似，将二进制数转换成十六进制，需从右侧开始，每四位取成一位，接着将这四位二进制数按权相加，最后，按顺序进行排列，得到的数字就是所求的十六进制数。

2.1.4　二进制的优点

（1）技术实现简单：计算机是由逻辑电路组成，逻辑电路通常只有两个状态，开关的接通与断开，这两种状态正好可以用"1"和"0"表示。

（2）运算规则简单：二进制数的运算规则要简单得多，这不仅可以使运算器的结构得到简化，而且有利于提高运算速度。

（3）适合逻辑运算；二进制数 0 和 1 正好与逻辑量"真"和"假"相对应。

（4）易于进行转换；二进制与十进制数易于互相转换。

【思考与练习】

理论题

1．完成下列数制转换。

$(34)_{10}$=(　　　　)$_2$　　　　　　　　$(1101010110)_2$=(　　　　)$_{10}$

$(10111011)_2$=(　　　　)$_8$　　　　　　$(31)_{10}$=(　　　　)$_2$

2．计算下列算式的值。

$(2023)_{10}+(32)_{16}$=(　　　　)$_{10}$　　　　$(31)_{10}-(1011)_2$=(　　　　)$_{10}$

$(56)_{16}+(11110)_2$=(　　　　)$_{10}$　　　$(10011)_2-(111)_2$=(　　　　)$_{10}$

任务 2.2　IP 地址与子网掩码

【任务描述】

IP 地址相当于计算机的身份证号，是网络上设备的唯一标识符，它用于在网络上识别发送和接收数据的设备，子网掩码是用于确定 IP 地址的网络部分和主机部分的边界的参数。

学校新建了一个计算机公共机房，需要分配 IP 地址，作为网络管理员，刘芳需要熟悉 IP 地址和子网掩码的相关知识。

【任务要求】

（1）掌握 IP 地址的格式和分类方法。

（2）理解子网掩码的概念。

【知识链接】

IP 地址是IP 协议提供的一种统一的地址格式，它为互联网上的每一个网络和每一台主机分配一个逻辑地址，以此来屏蔽物理地址的差异。

1．IP 地址的格式

在目前广泛使用的 IPv4 中，IP 地址由 32 位二进制数字组成。这 32 位二进制数字可以分为 4 个位域（Octets）。每个位域 8 位二进制数，各位域之间被点号分开。

有时，为了便于识别、记忆，经常将每个位域的 8 位二进制数（00000000～11111111）转化成为 0～255 范围内的十进制数字，称为点分十进制，如图 2-3 所示（为了便于计数，将每个位域中的 8 位二进制数用逗号分隔为两部分。在计算机内部表示时，并没有任何分隔符）。

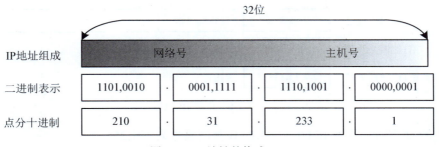

图 2-3   IP 地址的格式

2. IP 地址的种类

为了实现层次化管理，32 位的 IP 地址又被划分为两部分：一部分用来标识网络，称为网络号（Network ID，NID）；另一部分用来表示网络中的主机，称为主机号（Host ID，HID）。如图 2-3 中的 IP 地址 210.31.233.1，210.31.233 为网络号；1 为主机号，表示 210.31.233 网络中编号为 1 的主机。

IPv4 中定义了 5 类 IP 地址，即 A、B、C、D、E 类地址。不同类别的 IP 地址对网络号及主机号范围的规定是不同的，用于匹配不同规模的网络。

（1）A 类。A 类地址的特点是第 1 个位域的 8 位二进制数用来标识网络号，且第 1 个位域的最高位为 0，它和第 1 个位域的其余 7 位共同组成了网络号。剩余的 24 位二进制数代表主机号，如图 2-4 所示。

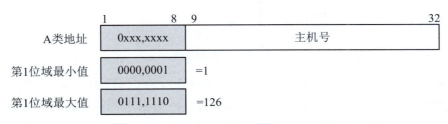

图 2-4   A 类 IP 地址

网络号全为 0 的地址不能使用。因此，最小的 A 类网络号为 1，最大的 A 类网络号为 127（01111111=128-1）。网络号 127 被保留作循环测试地址使用，不能分配给任何一台主机。所以 A 类地址的网络号范围为 1～126。

对于 A 类网络来说，因为可以用 24 位二进制数标识主机号，所以每个 A 类网络可以容纳 $2^{24}-2=16777214$ 台主机（IPv4 中规定主机号的各位不能全为 0 或全为 1）。

可见，可以用于分配的 A 类 IP 地址范围是：1.x.y.z～126.x.y.z，其中 x、y、z 的各个二进制位不能全为 0 或全为 1。例如，10.255.255.255 是不正确的 A 类 IP 地址，不能分配给主机使用，而 10.255.255.254 是合法的 A 类 IP 地址。

（2）B 类。B 类地址的特点是第 1、2 个位域的 16 位二进制数用来标识网络号，且第 1 个位域的最高两位为 10，它和其余的 14 位二进制数共同组成了网络号。剩余的 16 位二进制数代表主机号，如图 2-5 所示。

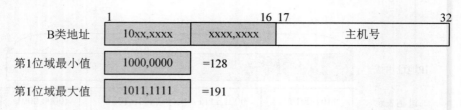

图 2-5　B 类 IP 地址

最小的 B 类网络号为 128.0，最大的 B 类网络号为 191.255。

对于 B 类网络来说，因为可以用除了最高两位以外的 14 位二进制数来标识网络号，所以一共可以有 2^{14}=16384 个 B 类网络。同时，因为可以用 16 位二进制数标识主机号，所以每个 B 类网络可以容纳 2^{16}-2=65534 台主机。

可见，可以用于分配的 B 类 IP 地址范围是：128.0.y.z～191.255.y.z，其中 y、z 的各个二进制位不能全为 0 或全为 1。

（3）C 类。C 类地址的特点是第 1、2、3 个位域的 24 位二进制数用来标识网络号，且第 1 个位域的最高三位为 110，它和其余的 21 位二进制数共同组成了网络号。剩余的 8 位二进制位代表主机号，如图 2-6 所示。

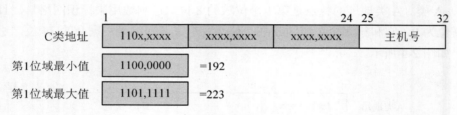

图 2-6　C 类 IP 地址

最小的 C 类网络号为 192.0.0，最大的 C 类网络号为 223.255.255。

对于 C 类网络来说，因为可以用除了最高三位以外的 21 位二进制数标识网络号，所以一共可以有 2^{21}=2097152 个 C 类网络。同时，因为可以用 8 位二进制数标识主机号，所以每个 C 类网络可以容纳 2^{8}-2=254 台主机。

可见，可以用于分配的 C 类 IP 地址范围是：192.0.0.z～223.255.255.z，其中 z 的各个二进制位不能全为 0 或全为 1。

（4）D 类。D 类地址的第 1 个位域的最高 4 位为 1110。因此，第 1 个位域的取值范围是 224～239，如图 2-7 所示。

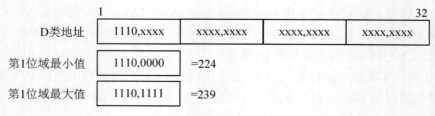

图 2-7　D 类 IP 地址

D 类地址属于比较特殊的 IP 地址类,它不区分网络号和主机号,也不能分配给具体的主机。

D 类地址主要用于多播(Multicast,也称组播),用于向特定的一组(多台)主机发送广播消息。在 RIPv2 和 OSPF 动态路由协议中采用多播方式在一组路由器间传送和路由相关的信息。

(5)E 类。E 类地址的第 1 个位域的最高 5 位为 11110。因此,第 1 个位域的取值范围是 240~247,如图 2-8 所示。

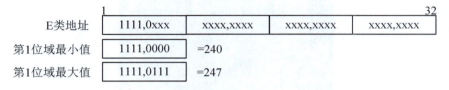

图 2-8 E 类 IP 地址

E 类地址被保留作为实验用。

(6)其他。对于第 1 个位域的取值范围在 248~254 之间的 IP 地址保留不用。

(7)IP 地址的分配注意事项。在为主机分配 IP 地址时,必须注意以下问题:

1)网络号不能为 127。网络号 127 被保留作为本机循环测试地址使用。例如,可以使用命令 ping 127.0.0.1 测试 TCP/IP 协议栈是否正确安装,如图 2-9 所示。在路由器中,同样支持循环测试地址的使用。

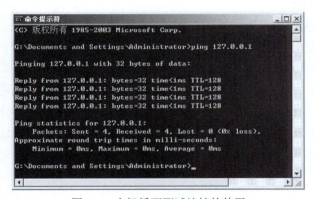

图 2-9 本机循环测试地址的使用

2)主机号不能全为 0 或 255。全 0 的主机号代表本网络,如 210.31.233.0 代表网络号为 210.31.233 的 C 类网络。全 1 的主机号代表对本网络的广播,如 210.31.233.255 代表对 C 类网络 210.31.233.0 的广播,称为直接广播。如果一个数据包中的目标地址是一个广播地址,它要求该网段中的所有主机必须接收此数据包。如果 IP 地址的 32 位全为 1,即 255.255.255.255,则代表有限广播,它的目标是网络中的所有主机。

3)0.0.0.0。IP 地址 0.0.0.0 通常代表未知的源主机。当主机采用 DHCP 动态获取 IP 地址而无法获得合法的 IP 地址时,会用 IP 地址 0.0.0.0 来表示源主机 IP 地址未知,如图 2-10 所示。

3. 子网掩码

(1)子网。子网(Subnet)将网络划分为不同的部分,每一部分是一个独立的逻辑网络,称为子网。处于同一子网中的各主机的网络号是相同的，它们可以直接互相通信而不用经过路由器中转。

图 2-10 未知的源主机

将网络划分为多个子网可以减小广播域的规模，减少广播对网络的不利影响，便于实现层次化管理。同时也便于每个子网使用不同类型的网络架构。

（2）子网掩码。子网掩码（Subnet Mask）用来与 IP 地址的各位按位进行"逻辑与"运算，用来分辨网络号和主机号。

IPv4 规定了 A 类、B 类、C 类的标准子网掩码：

● A 类：255.0.0.0。
● B 类：255.255.0.0。
● C 类：255.255.255.0。

例如，对于标准的 C 类 IP 地址 210.31.233.1 来说，其标准子网掩码是：255.255.255.0。将 IP 地址 210.31.233.1 和其对应的子网掩码 255.255.255.0 分别化为二进制形式。然后按位进行"逻辑与"运算，得到的结果中，被子网掩码中的"0"屏蔽掉的部分就是主机号，被子网掩码中的"1"保留下来的部分就是网络号，如图 2-11 所示。即 IP 地址 210.31.233.1 表示 C 类网络 210.31.233.0 中编号为 1 的主机。

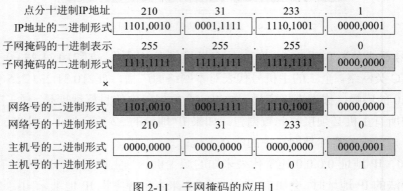

图 2-11 子网掩码的应用 1

又如，对于标准的 B 类 IP 地址 160.133.50.131 来说，其标准子网掩码是：255.255.0.0。

将 IP 地址 160.133.50.131 和其对应的子网掩码 255.255.0.0 分别化为二进制形式。然后按位进行 "逻辑与" 运算。从结果可看出,IP 地址 160.133.50.131 表示 B 类网络 160.133.0.0 中编号为 50.131 的主机,如图 2-12 所示。

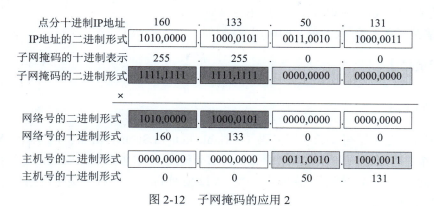

图 2-12   子网掩码的应用 2

由此可见,子网掩码的主要作用是用来分辨网络号与主机号的边界。

【思考与练习】

理论题

1. 子网掩码为 255.255.255.0,下列哪个 IP 地址不在同一网段(   )。

    A. 172.20.33.50　　　　　　　　　　B. 172.20.33.101

    C. 172.16.33.68　　　　　　　　　　D. 172.20.30.9

2. IP 地址 200.1.8.7 的缺省子网掩码为几位?(   )

    A. 32　　　　　　B. 16　　　　　　C. 8　　　　　　D. 24

3. 一台主机的 IP 地址为 169.21.8.19/16,该主机的广播地址为(   )。

    A. 169.21.255.255　　　　　　　　　B. 169.21.8.255

    C. 169.255.255.255　　　　　　　　　D. 169.21.255.19

4. 未进行任何子网划分的 IP 地址 126.30.7.50 的网络地址为(   )。

    A. 126.30.7.0　　　　　　　　　　　B. 126.30.0.0

    C. 126.0.0.0　　　　　　　　　　　D. 126.255.255.255

5. IP 地址为 61.8.9.30/8,其主机地址为(   )。

    A. 61.0.0.0　　　　B. 0.0.0.30　　　　C. 0.8.9.30　　　　D. 0.0.9.30

任务 2.3   子网划分和网络汇聚

【任务描述】

由于业务部门拓展,钥尚公司重新为各办公室分配 IP 地址,考虑成本控制,公司只购买了一个 B 类网段，此时，要想实现每个部门配备独立网段，则需要通过子网划分实现。

【任务要求】

（1）掌握子网划分（VLSM）的应用方法。

（2）掌握网络汇聚（CIDR）的应用方法。

【知识链接】

2.3.1　VLSM

RFC 1878 中定义了可变长子网掩码（Variable Length Subnet Mask，VLSM）。VLSM 规定了如何在一个进行了子网划分的网络中的不同部分使用不同的子网掩码。这对于网络内部不同网段需要不同大小子网的情形来说非常有效。VLSM 实际上是一种多级子网划分技术。

1. 非标准子网划分

当一个组织申请了一段 IP 地址后，可能需要对 IP 地址进行进一步的子网划分。例如，某规模较大的公司申请了一个 B 类 IP 地址 166.133.0.0。如果采用标准子网掩码 255.255.0.0 而不进一步划分子网，那么 166.133.0.0 网络中的所有主机（最多共 65534 台）都将处于同一个广播域下，网络中充斥的大量广播数据包将导致网络最终不可用。

解决方案是进行非标准子网划分。非标准子网划分的策略是借用主机号的一部分充当网络号。具体方法是采用新的非标准子网掩码，而不采用默认的标准子网掩码。

例如，B 类地址 166.133.0.0，不使用标准子网掩码 255.255.0.0，而使用非标准子网掩码，如 255.255.255.0、255.255.240.0 等将网络划分为多个子网。

如图 2-13 所示，借用原来属于主机号范围的第 3 个位域充当子网号范围，即借用了 8 位主机号充当子网号。所采用的新子网掩码是 255.255.255.0，该子网掩码将这个 B 类的大网络 166.133.0.0 又划分成为 254 个小的子网（全 0 和全 1 的子网号不能使用）。对于这 254 个子网来说，每个子网各自又可以容纳 254 台主机。

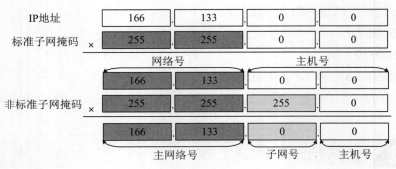

图 2-13　非标准子网划分

下面分别以 C、B、A 类 IP 地址为例详细讨论非标准子网划分。

（1）对 C 类网络进行非标准子网划分。对于标准的 C 类 IP 地址来说，标准子网掩码为

255.255.255.0，即用 32 位 IP 地址的前 24 位标识网络号，后 8 位标识主机号。因此，每个 C 类网络下共可容纳 254 台主机（2^8-2）。

现在，先考虑借用 2 位主机号来充当子网络号的情形，如图 2-14 所示。

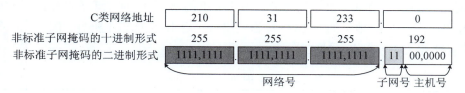

图 2-14　借用 2 位主机号来充当子网络号

在图 2-14 中，为了借用原来 8 位主机号中的前 2 位充当子网络号，采用了新的非标准子网掩码 255.255.255.192。

采用了新的子网掩码后，借用的 2 位子网号可以用来标识两个子网：01 子网和 10 子网（子网号不能全为 0 或 1，因此 00、11 子网不能用）。

首先，对于 01 子网来说，其网络号的点分十进制形式为：210.31.233.64，该子网的最小 IP 地址为：210.31.233.65，最大 IP 地址为：210.31.233.126，共可容纳 62 台主机。对该子网的直接广播地址为：210.31.233.127，如图 2-15 所示。

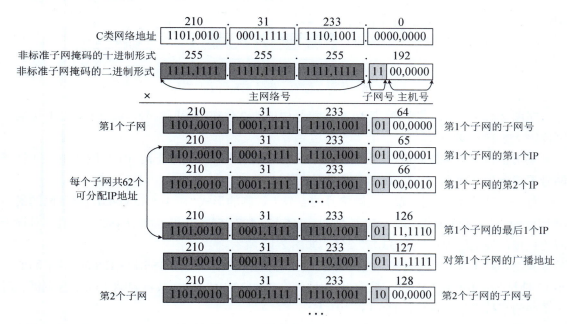

图 2-15　C 类网络 01 子网计算过程

其次，对于 10 子网来说，其网络号的点分十进制形式为：210.31.233.128，该子网的最小 IP 地址为：210.31.233.129，最大 IP 地址为：210.31.233.190，共可容纳 62 台主机。对该子网的直接广播地址为：210.31.233.191。

同理，还可以借用 3 位、4 位、5 位、6 位主机号充当子网号。表 2-2 所示总结了对 C 类

IP 地址借用不同位数的主机号时应采用的子网掩码，以及可划分为多少个子网和每个子网可容纳的主机数。

注意：借 1 位或 7 位无效。

（2）对 B 类网络进行非标准子网划分。对于标准的 B 类 IP 地址来说，标准子网掩码为 255.255.0.0，即用 32 位 IP 地址的前 16 位标识网络号，后 16 位标识主机号。因此，每个 B 类网络下共可容纳 65534 台主机（$2^{16}-2$）。

表 2-2　C 类 IP 地址子网划分

借用位数	子网掩码	子网数	每子网主机数
2	255.255.255.192	2	62
3	255.255.255.224	6	30
4	255.255.255.240	14	14
5	255.255.255.248	30	6
6	255.255.255.252	62	2

同样先考虑借用 2 位的主机号来充当子网络号的情形，如图 2-16 所示。

图 2-16　借用 2 位的主机号来充当子网络号

在图 2-16 中，为了借用原来 16 位主机号中的前 2 位充当子网络号，采用了新的非标准子网掩码 255.255.192.0。

采用了新的子网掩码后，借用的 2 位子网号可以用来标识两个子网：01 子网和 10 子网（子网号不能全为 0 或 1，因此 00、11 子网不能用）。

首先，对于 01 子网来说，其网络号的点分十进制的形式为：166.133.64.0，该子网的最小 IP 地址为：166.133.64.1，最大 IP 地址为：166.133.127.254，共可容纳 16382 台主机。对该子网的直接广播地址为：166.133.127.255，如图 2-17 所示。

其次，对于 10 子网来说，其网络号的点分十进制的形式为：166.133.128.0，该子网的最小 IP 地址为：166.133.128.1，最大 IP 地址为：166.133.191.254，共可容纳 16382 台主机。对该子网的直接广播地址为：166.133.191.255。

同理，还可以借用 3 位、4 位、5 位、6 位、7 位、8 位甚至更多位主机号来充当子网号，表 2-3 总结了对于 B 类网络常用的、借用不同位数的主机号时应采用的子网掩码，以及可划分为多少个子网和每个子网可容纳的主机数。

注意：借 1 位或 15 位无效。

（3）对 A 类网络进行非标准子网划分。仿照前面的分析，可以得出 A 类网络常见的子网划分方式及其相关数据，见表 2-4。

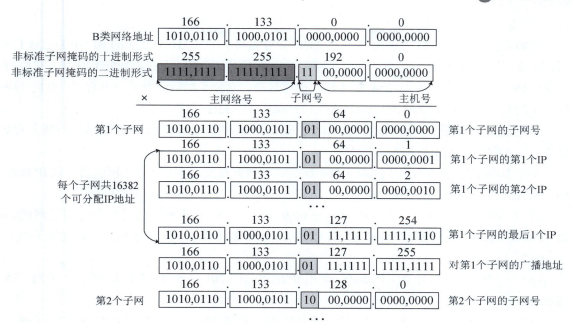

图 2-17 B 类网络 01 子网计算过程

表 2-3　B 类 IP 地址子网划分

借用位数	子网掩码	子网数	每子网主机数
2	255.255.192.0	2	16382
3	255.255.224.0	6	8190
4	255.255.240.0	14	4094
5	255.255.248.0	30	2046
6	255.255.252.0	62	1022
7	255.255.254.0	126	510
8	255.255.255.0	254	254

表 2-4　A 类 IP 地址子网划分

借用位数	子网掩码	子网数	每子网主机数
2	255.192.0.0	2	4194302
3	255.224.0.0	6	2097150
4	255.240.0.0	14	1048574
5	255.248.0.0	30	524286
6	255.252.0.0	62	262142
7	255.254.0.0	126	131070
8	255.255.0.0	254	65534

2．全 0 和全 1 网段

在前面的例子中，将 C 类网络 210.31.233.0 划分为两个子网 210.31.233.64 和 210.31.233.128 后，每个子网可容纳 62 台主机，两个子网共可容纳 124 台主机。而在未划分子网前，该 C 类网络 210.31.233.0 可以容纳 254 台主机。也就是说，划分子网后浪费了一半的 IP 地址（即 210.31.233.1～210.31.233.63 和 210.31.233.192～210.31.233.254）。

这里造成 IP 地址空间浪费的主要原因是 RFC 1009 中规定划分子网时，子网号不能全为 0 或 1，将其称为全 0 与全 1 网段。

RFC 1009 保留全 0 与全 1 网段未用是因为在某些时候采用全 0 与全 1 网段会导致 IP 地址的二义性。

例如，为了将标准 C 类网络 201.15.66.0 划分成 8 个子网，采用了非标准子网掩码 255.255.255.224。该子网掩码将 C 类网络 201.15.66.0 划分成如下 8 个子网（假设允许子网号全为 0 或 1）。

（1）子网 1：网络号 201.15.66.0，可用 IP 地址范围 201.15.66.1～201.15.66.30，子网广播地址 201.15.66.31。

（2）子网 2：网络号 201.15.66.32，可用 IP 地址范围 201.15.66.33～201.15.66.62，子网广播地址 201.15.66.63。

（3）子网 3：网络号 201.15.66.64，可用 IP 地址范围 201.15.66.65～201.15.66.94，子网广播地址 201.15.66.95。

（4）子网 4：网络号 201.15.66.96，可用 IP 地址范围 201.15.66.97～201.15.66.126，子网广播地址 201.15.66.127。

（5）子网 5：网络号 201.15.66.128，可用 IP 地址范围 201.15.66.129～201.15.66.158，子网广播地址 201.15.66.159。

（6）子网 6：网络号 201.15.66.160，可用 IP 地址范围 201.15.66.161～201.15.66.190，子网广播地址 201.15.66.191。

（7）子网 7：网络号 201.15.66.192，可用 IP 地址范围 201.15.66.193～201.15.66.222，子网广播地址 201.15.66.223。

（8）子网 8：网络号 201.15.66.224，可用 IP 地址范围 201.15.66.225～201.15.66.254，子网广播地址 201.15.66.255。

对于未划分子网的原主网络 201.15.66.0 来说，其网络号 201.15.66.0 和划分完子网后的第 1 个子网的网络号 201.15.66.0 是相同的。同样，对于原主网络 201.15.66.0 来说，其广播地址 201.15.66.255 和划分完子网后的第 8 个子网的广播地址 201.15.66.255 也是相同的。因此，RFC 1009 规定不能使用全 0 或全 1 的子网号，以免发生上面的 IP 地址二义性问题。

为了解决 IP 地址的二义性问题，可以规定 IP 地址不能单独使用，必须携带相应的子网掩码信息。如 201.15.66.0+255.255.255.0 是指未划分子网的原主网络 201.15.66.0，而 201.15.66.0+255.255.255.224 是指划分完子网后的第 1 个子网的网络号。

同理，201.15.66.255+255.255.255.0 是指对未划分子网的原主网络 201.15.66.0 的广播，而 201.15.66.255+255.255.255.224 是指对划分完子网后的第 8 个子网的广播。

这样，既有效地利用了宝贵的 IP 地址空间、减少了浪费，又可以有效地避免 IP 地址的二义性问题。

在 Cisco 路由器的某些 IOS 版本上，默认可以使用全 1 网段，但是不能使用全 0 网段。如果想使用全 0 网段，必须输入命令 ip subnet-zero 允许使用全 0 网段。

注意：虽然命令 ip subnet-zero 允许使用全 0 网段，但对于一些有类（Classful）路由协议，如 RIP、IGRP 在广播路由更新信息时，只发送网络地址信息而不发送相应的子网掩码信息。这时，仍然会出现 IP 地址的二义性问题。

3．专用地址空间

RFC 1918 中定义了在企业网络内部使用的专用（私有）地址空间，如下：

- A 类：10.0.0.0～10.255.255.255。
- B 类：172.16.0.0～172.31.255.255。
- C 类：192.168.0.0～192.168.255.255。

这些网络地址在因特网中是无法路由的，只能在企业网络内部使用。具有这些网络地址的主机如果要访问 Internet，要么通过代理服务器，要么通过具有网络地址转换功能的路由器或防火墙。

此外，微软在自己的 TCP/IP 实现中规定了 LinkLocal 网络地址空间：169.254.0.0～169.254.255.255 也属于专用内部地址，也同样无法在 Internet 中路由，如图 2-18 所示。

图 2-18　LinkLocal 网络地址空间

2.3.2　CIDR

无类域间路由（Classless Inter-Domain Routing，CIDR）在 RFC 1517～RFC 1520 中都有描述。提出 CIDR 的初衷是为了解决 IP 地址空间即将耗尽（特别是 B 类地址）的问题。CIDR 并不使用传统的有类网络地址的概念，即不再区分 A、B、C 类网络地址。在分配 IP 地址段时也不再按照有类网络地址的类别进行分配，而是将 IP 网络地址空间看成是一个整体，并划分成连续的地址块，然后采用分块的方法进行分配。

在 CIDR 技术中，常使用子网掩码中表示网络号二进制位的长度来区分一个网络地址块的大小，称为 CIDR 前缀。如 IP 地址 210.31.233.1，子网掩码 255.255.255.0 可表示成 210.31.233.1/24；IP 地址 166.133.67.98，子网掩码 255.255.0.0 可表示成 166.133.67.98/16；IP 地址 192.168.0.1，子网掩码 255.255.255.240 可表示成 192.168.0.1/28 等。

CIDR 可以用来做 IP 地址汇总（或称超网，Super Netting）。在未作地址汇总之前，路由器需要对外声明所有的内部网络 IP 地址空间段。这将导致 Internet 核心路由器中的路由条目非常庞大（接近 10 万条）。采用 CIDR 地址汇总后，可以将连续的地址空间块总结成一条路由条目。路由器不再需要对外声明内部网络的所有 IP 地址空间段。这样就大大减小了路由表中路由条目的数量。

例如，某公司申请到了 1 个网络地址块（共 8 个 C 类网络地址）：210.31.224.0/24～210.31.231.0/24，为了对这 8 个 C 类网络地址块进行汇总，采用了新的子网掩码 255.255.248.0，CIDR 前缀为/21，如图 2-19 所示。

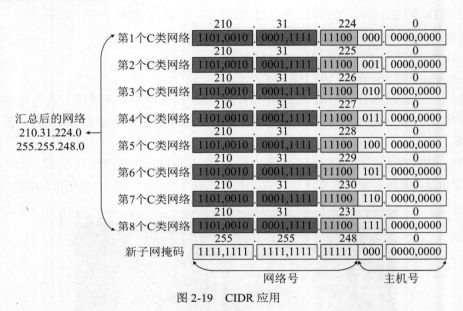

图 2-19　CIDR 应用

可以看出，CIDR 实际上是借用部分网络号充当主机号。在图 2-19 中，因为 8 个 C 类地址网络号的前 21 位完全相同，变化的只是最后 3 位网络号。因此，可以将网络号的后 3 位看成主机号，选择新的子网掩码为 255.255.248.0，将这 8 个 C 类网络地址汇总成为 210.31.224.0/21。

利用 CIDR 实现地址汇总有两个基本条件：

（1）待汇总地址的网络号拥有相同的高位。如图 2-19 中 8 个待汇总的网络地址的第 3 个位域的前 5 位完全相同，均为 11100。

（2）待汇总的网络地址数目必须是 2n，如 2 个、4 个、8 个、16 个等。否则，可能导致路由黑洞（汇总后的网络可能包含本园区网实际中并不存在的子网）。

【思考与练习】

理论题

1．你的网络使用 B 类 IP 地址，子网掩码是 255.255.224.0，请问通常可以设定多少个子网？（　　）。

　　A．14　　　　　　　B．8　　　　　　　C．9　　　　　　　D．6

2. 用户需要在一个 C 类地址中划分子网，其中一个子网的最大主机数为 16，如要得到最多的子网数量，子网掩码应为（　　）。

    A．255.255.255.192   B．255.255.255.248

    C．255.255.255.224   D．255.255.255.240

3. 你使用的 IP 地址是 165.247.52.119，子网掩码是 255.255.248.0，你的主机在哪个子网上（　　）。

    A．165.247.52.0   B．165.247.02.0

    C．165.247.56.0   D．165.247.48.0

4. 三个网段 192.168.1.0/24，192.168.2.0/24，192.168.3.0/24 能够汇聚成下面哪个网段（　　）。

    A．192.168.1.0/22   B．192.168.2.0/22

    C．192.168.3.0/22   D．192.168.0.0/22

5. 某单位搭建了一个有六个子网、C 类 IP 地址的网络，要正确配置该网络应该使用的子网掩码是（　　）。

    A．255.255.255.248   B．255.255.255.224

    C．255.255.255.192   D．255.255.255.240

6. 网络主机 202.34.19.40 有 27 位子网掩码，请问该主机属于哪个子网（　　）。

    A．子网 128   B．子网 202.34.19.32

    C．子网 64   D．子网 0

7. 在一个网络地址为 145.22.0.0，子网掩码为 255.255.252.0 的网络中，每一个子网可以有（　　）台主机。

    A．2048   B．1022   C．510   D．4096

8. 某小型公司使用 TCP/IP 协议，并拥有一个 C 类网段，如果需要将该网络划分为 6 个子网，每个子网有 30 台主机，则子网掩码应配置为（　　）。

    A．255.255.255.240   B．255.255.255.252

    C．255.255.255.224   D．255.255.255.0

9. 你使用的 IP 地址是 165.247.247.247/22，请问子网掩码是（　　）。

    A．255.255.252.0

    B．255.255.240.0

    C．255.255.248.0

    D．题目中提供的信息不全，不能回答该问题

10. 某公司申请到一个 C 类 IP 地址，但要连接 6 个的子公司，最大的一个子公司有 26 台计算机，每个子公司在一个网段中，则子网掩码应设为（　　）。

    A．255.255.255.0   B．255.255.255.128

    C．255.255.255.192   D．255.255.255.224

11. 使用四位主机地址划分子网的 C 类地址的子网掩码是（　　）。

    A．255.255.255.240   B．255.255.224.0

C．255.255.255.248　　　　　　　　　D．255.255.255.252

12．某主机的 IP 地址为 172.16.7.131/26，则该 IP 地址所在子网的广播地址是（　　）。

    A．172.16.7.255　　　　　　　　　B．172.16.7.127

    C．172.16.7.191　　　　　　　　　D．172.16.7.159

13．你使用一个 145.22.0.0 的网络地址，子网掩码是 255.255.252.0。请问一个子网上可以有（　　）台主机存在。

    A．1022　　　　　B．2048　　　　　C．2046　　　　　D．1024

14．某公司有三个网络为 172.16.32.0/20，172.16.64.0/20 和 172.16.82.90/20，则该公司的广播地址是（　　）（有 3 个正确答案）。

    A．172.16.82.255　　　　B．172.16.95.255　　　　C．172.16.64.255

    D．172.16.32.255　　　　E．172.16.47.255　　　　F．172.16.79.255

15．某公司获得了一个 C 类网络，要划分成 5 个小网络每个网络上的用户数量分别是 15 个，7 个、13 个、16 个、7 个，则该公司应使用子网掩码应为（　　）。

    A．255.255.255.128　　　　　　　　B．255.255.255.192

    C．255.255.255.224　　　　　　　　D．255.255.255.248

项目 3　组建简单的小型网络

 项目导读

　　小型网络是指应用在家庭、办公室、网吧等生活环境中的最常见的网络形式。成功构建小型网络环境后，能实现内部网络之间的通信以及资源共享，从而提高工作效率，为生活和工作提供方便。

　　作为学校的网络管理员，刘芳想利用思科模拟器组建一个简单的小型办公网络，模拟实现公司各部门之间的资源共享和协同合作。

 教学目标

　　（1）掌握 Cisco Packet Tracer 7.0 模拟器的安装和使用。
　　（2）掌握运用 Cisco Packet Tracer 7.0 模拟器搭建简单网络的方法。

任务 3.1　Cisco Packet Tracer 7.0 模拟器的安装和使用

【任务描述】

　　网络设备模拟器运用软件模拟真实的网络环境和设备，利用软件中虚拟的网络设备及线缆完成网络的组网和配置，实现网络的互联。Cisco Packet Tracer 是由 Cisco（思科）公司发布的一款仿真模拟学习工具，使初学者在没有网络设备的情况下，也能在软件的图形界面中建立网络拓扑，并可利用提供的数据包在网络中进行详细处理过程。

　　本书使用的模拟器版本是思科模拟器 Cisco Packet Tracer 7.0。本任务将学习如何安装和汉化模拟器软件，并认识思科模拟器中常见的网络设备以及如何运用模拟器连接网络设备。

【任务要求】

　　（1）熟悉 Cisco Packet Tracer 7.0 模拟器的安装和汉化。
　　（2）熟悉 Cisco Packet Tracer 7.0 模拟器界面组成和使用。

【知识链接】

3.1.1　Cisco Packet Tracer 7.0 模拟器的安装和汉化

（1）Cisco Packet Tracer 7.0 的安装文件需要到思科官网下载，并注册账号。

（2）首先将下载好的安装文件和汉化包解压，双击安装文件（以 32 位版本为例），进行安装，出现安装界面后，选中 I accept the agreement（我接受此协议）单选按钮，单击 Next 按钮，如图 3-1 所示。

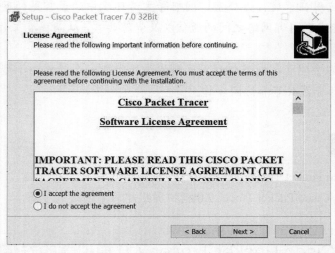

图 3-1　Cisco Packet Tracer 7.0 安装许可协议

（3）选择 Cisco Packet Tracer 7.0 安装位置，一般使用默认安装路径即可，单击 Next 按钮，如图 3-2 所示。

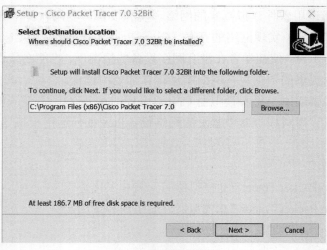

图 3-2　选择安装路径

（4）默认选中 Create a desktop icon 复选框，创建桌面图标，方便在桌面上打开模拟器软件，直接单击 Next 按钮即可，如图 3-3 所示。

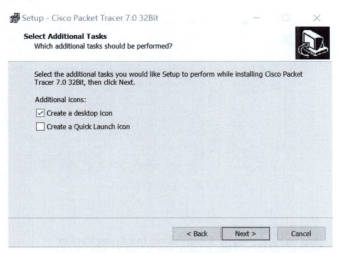

图 3-3　创建桌面图标

（5）此界面为安装信息，如需修改可单击 Back 按钮返回上一步进行修改，如确认无误，直接单击 Install 按钮进行安装，如图 3-4 所示。

图 3-4　确认安装信息

（6）进入安装界面，可以看到模拟软件安装的进度条，等待安装完毕，如图 3-5 所示。

（7）安装完成后弹出完成安装界面，单击 Finish 按钮即可，如图 3-6 所示。

（8）安装完成后在桌面上可以找到 Cisco Packet Tracer 软件图标，双击该图标进入软件运行界面，在该界面输入之前注册思科账号的用户名和密码即可，如图 3-7 所示。如没有思科账号，也可单击右下角 Confirm Guest 按钮，以访客身份进入模拟器软件。

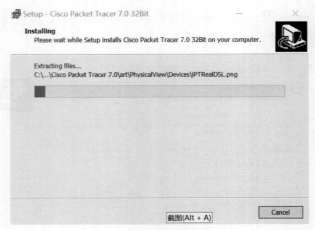

图 3-5　安装过程界面

图 3-6　安装完成界面

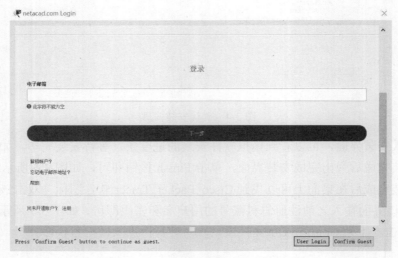

图 3-7　Cisco Packet Tracer 7.0 登录界面

（9）进入软件后，默认界面都是英文版，如图 3-8 所示，为更好更方便地使用该模拟软件，可以进一步对其进行汉化，在汉化前要先关闭已经启动的模拟软件。

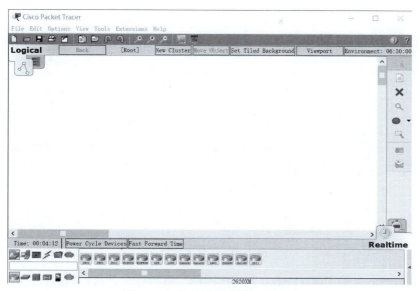

图 3-8　汉化前的思科模拟器界面

（10）查找安装路径：右击桌面上的 Cisco Packet Tracer 图标，选择"属性"选项，弹出"Cisco Packet Tracer 属性"对话框后，选择"快捷方式"选项卡，在"目标"区域可以看到思科模拟软件的安装位置，如图 3-9 所示。

图 3-9　"Cisco Packet Tracer 属性"对话框

（11）将提前准备好的汉化文件（Chinese.ptl）复制到 Cisco Packet Tracer 安装目录的 languages 文件夹内，如图 3-10 所示。

图 3-10　汉化文件位置

（12）双击桌面上的 Cisco Packet Tracer 图标，重新打开思科模拟器，进入模拟软件界面后，在菜单栏上选择 Options→Preferences 命令，打开"Options"对话框，在下方"Select Language"区域内单击"Chinese.ptl"，再单击"Change Language"按钮，此时会弹出"下一次启动模拟器的时候会加载此语言"的提示，单击"OK"按钮即可，如图 3-11 所示。

图 3-11　加载语言文件

（13）再次打开 Cisco Packet Tracer 主界面，就可以看到界面区域大部分内容已经变为中文，如图 3-12 所示。

注意：汉化后的思科模拟器主界面，并非所有菜单选项都是中文，部分选项仍为英文。

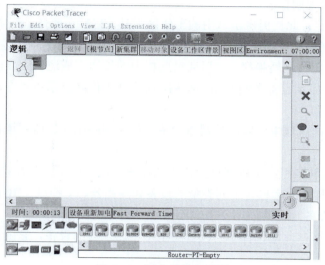

图 3-12　汉化后的主界面

3.1.2　Cisco Packet Tracer 7.0 模拟器的界面和使用

1. Cisco Packet Tracer 的主界面

打开 Cisco Packet Tracer 的主界面如图 3-13 所示。

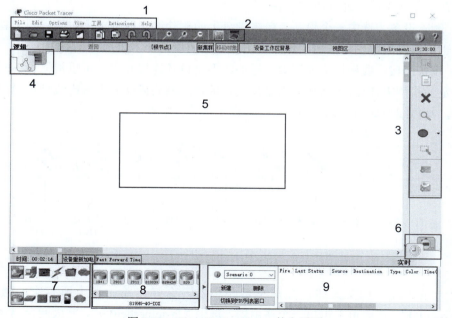

图 3-13　Cisco Packet Tracer 的主界面

（1）菜单栏：此栏中有文件、选项和帮助等按钮，可以找到一些基本的命令如打开、保存、打印和选项设置，还可以访问活动向导。这里最常用的是保存功能。

（2）主工具栏：此栏提供了文件按钮中命令的快捷方式，还可以单击右边的网络信息按钮，为当前网络添加说明信息。

（3）常用工具栏：此栏提供了常用的工作区工具，包括：选择、整体移动、备注、删除、查看、添加简单数据包和添加复杂数据包。

（4）逻辑/物理工作区转换栏：可以通过此栏中的按钮完成逻辑工作区和物理工作区之间的转换。逻辑工作区显示设备之间的拓扑结构，而物理工作区显示设备存放的真实场景和机柜等信息。

（5）工作区：此区域中可以添加网络设备、创建网络拓扑、监视模拟过程、查看各种信息和统计数据。

（6）实时/模拟转换栏：可以通过此栏中的按钮完成实时模式和模拟模式之间的转换。

（7）设备类型库：此库包含不同类型的设备如路由器、交换机、HUB、无线设备、连线、终端设备和自定义设备等。

（8）特定设备库：此库包含不同设备类型中不同型号的设备，它随着设备类型库的选择级联显示。

（9）用户数据包窗口：此窗口管理用户添加的数据包，查看网络是否通畅。

2．模拟软件的基本操作

（1）添加设备。以在工作区中添加一个 2621XM 路由器为例，首先在设备类型库中选择路由器，在特定设备库中单击 2621XM 路由器，然后在工作区中单击一下就可以把 2621XM 路由器添加到工作区中了。如果想一次性添加多台相同设备则可以按住 Ctrl 键再单击相应设备，然后在工作区单击以连续添加设备。

（2）删除设备。选中一个设备，单击键盘上的删除键，或是单击右侧常用工具栏中的删除按钮。也可以先单击删除按钮，然后单击要删除的设备。

（3）设备连接。要根据需要选取合适的线型将设备连接起来，可以根据设备间的不同接口选择特定的线型来连接，当然如果只是想快速地建立网络拓扑而不考虑线型选择时可以选择自动连线，具体线型如图 3-14 所示。

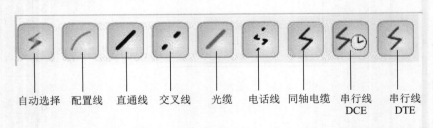

图 3-14　设备连接线

选中一条线缆，如交叉线，然后单击路由器，会弹出路由器上所有空闲接口，选中"fastethernet0/0"，然后再单击另一个路由器，选中"fastethernet0/0"，完成两台路由器之间的连接。

各线缆两端有不同颜色的圆点，不同颜色将来有助于进行连通性的故障排除。它们代表的含义见表 3-1。

表 3-1　链路圆点状态表

链路圆点的状态	含义
绿色	物理连接准备就绪，还没有 Line Protocol Status 的指示
闪烁的绿色	连接激活
红色	物理连接不通，没有信号
黄色	交换机端口处于"阻塞"状态

（4）为设备添加模块。单击某个设备，如路由器 2621XM，即可进入到该设备的详细信息界面。单击"物理"选项卡，这里显示的是设备的物理设备视图，同时显示背面和正面视图，可以看到当前设备的接口、电源按钮、扩展槽等，单击"电源"按钮可以开关电源，某些操作如添加模块只有在断电情况下才能执行。

该选项卡右侧的模块是当前该设备可以选择的扩展模块，按照需求选择一个模块后拖至扩展槽，如果不合适会出现错误提示。添加成功后启动电源即可。

（5）命令行选项卡。设备在通电情况下才能进入到命令行选项卡，在这里可以输入配置命令完成对设备的配置。

（6）桌面选项卡。进入到 PC 机的详细信息界面才有的选项卡，在这里可以使用 PC 的一些配置工具，如 IP 地址设置、拨号、超级终端、IE 浏览器、命令提示符等。

3.1.3　Cisco IOS 命令行界面功能

1. Cisco IOS 用户界面功能

Cisco IOS 软件使用 CLI（借助控制台）作为输入命令的传统环境。

（1）CLI 可用于输入命令。不同网络互联设备上的操作各不相同，但也有相同的命令。

（2）用户可在控制台命令模式下输入或粘贴条目。

（3）各命令模式的提示符各不相同。

（4）Enter 键可以指示设备解析和执行命令。

（5）两大 EXEC 模式为用户模式和特权模式。

2. 用户 EXEC 模式

用户模式是启动思科设备后进入的第一个 EXEC 模式，命令提示符为 hostname>，其中 hostname 是思科设备的名称，默认思科交换机的名字为 Switch，思科路由器的名字为 Router。

输入 exit 可以结束用户模式的会话。

用户模式仅允许用户访问数量有限的基本监控命令；一般只可以执行有限的查看命令，不允许重新加载或配置设备。

3. 特权 EXEC 模式

（1）特权模式是最常用的 EXEC 模式，需要在用户模式下通过 enable 命令进入，命令提示符是 hostname#。

【例 3-1】进入特权模式。

```
Switch>enable
Switch#
```

（2）特权模式也叫使能模式，能对思科设备进行详细的检查，支持配置和调试，也可通过该模式输入命令进入其他模式，如全局配置模式、接口模式、路由协议模式等。

（3）从特权模式退回到用户模式可以使用 disable 命令，从下一级模式退回到上一级可以使用 exit 命令，从某个模式直接退回到特权模式使用 end 命令。

【例 3-2】在特权模式下比较退出命令的区别。

```
Switch#disable
Switch>          //退回到用户模式
Switch#exit      //退出所有模式
```

4. Cisco IOS 的系统帮助

在使用命令行管理交换机时有许多使用技巧：

（1）使用 "?" 获得帮助。

1）当不了解在某模式下有哪些命令时，输入 "?" 可以查看到此模式下的所有命令。

2）当某个命令只记得一部分时，在记得的部分后输入 "?"（无空格），可以查看当前模式下以此字母开头的所有可能命令。

【例 3-3】在交换机的用户模式下查看以字母 t 开头的所有命令。

```
Switch>t?
```

3）当不清楚某单词后可输入的命令时，可在此单词后输入 "?"（中间有空格）。

【例 3-4】在交换机的用户模式下查看关键字 show 后面能连接的所有命令。

```
Switch>show ?
```

（2）命令简写。为了方便起见，思科设备支持命令简写，例如 configure terminal 可以简写为 conf 或者 conf t，思科设备也能够识别，但是要注意的是，这种简写必须能识别出唯一命令，如 configure terminal 不可简写成 c，因为以 c 开头的命令并不只是 configure terminal。

【例 3-5】在交换机的用户模式下通过简写模式进入特权模式。

```
Switch>en
Switch#
```

（3）将命令补充完整。输入能唯一识别某个命令关键字的一部分后，可以按键盘上的 Tab 键将该关键字补充完整。

（4）使用历史命令。用键盘上的向上、向下方向键可以调出曾经输入的历史命令，并可以通过上下键来选择。

5. 思科设备的基本命令

（1）显示系统信息命令。系统信息主要包括系统描述、系统上电时间、系统的硬件版本、系统的软件版本、系统的 ctrl 层软件版本和系统的 boot 层软件版本。可以通过这些信息来了解这个交换机系统的概况。

模式：用户或特权模式

命令：show version

【例 3-6】在交换机上显示系统信息。

Switch> show version

（2）显示当前配置命令。该命令将显示 RAM 中当前的交换机配置，这可以用来确定交换机的当前工作状态。我们经常称之为学习交换机和路由器配置的最好途径，在具有一定的基础后，就需要输入这个命令，并观察其输出。逐行学习这些配置可以帮助理解这些内容。它是重要的基本 IOS 命令之一。

模式：特权模式

命令：show running-configuration

【例 3-7】在交换机上显示当前配置命令。

Switch#show running-configuration

（3）显示已保存的配置命令。该命令用于显示已经保存到 NVRAM 中的配置信息。

模式：特权模式

命令：show startup-configuration

【例 3-8】在交换机上显示已保存的配置命令。

Switch#show startup-configuration

（4）保存现有配置命令。命令被输入和执行后保存在非永久的内存中，关机即消失，如果想要永久保存则要通过命令实现。

模式：特权模式

命令：copy running-configuration startup-configuration

【例 3-9】在交换机上保存当前配置命令。

Switch#copy running-configuration startup-configuration

（5）清除已保存的配置。用于清除被保存到永久内存中的配置命令，未保存的命令关机就消失了。

模式：特权模式

命令：erase startup-configuration

【例 3-10】在交换机上清除已保存的配置命令。

Switch#erase startup-configuration

（6）进入全局配置模式命令。该命令用于将思科设备从特权模式转变为全局配置模式。该命令生效后视图变为 Switch(config)#。

模式：特权模式

命令：configure terminal

【例 3-11】进入交换机的全局配置模式。

Switch> enable
Switch#configure terminal
Switch(config)#

（7）配置交换机名称命令。通过该命令可以改变交换机的名字，从而改变提示符。

模式：全局配置模式

命令：hostname <名字>

【例 3-12】将交换机的命令改为 aaa。

Switch(config)#hostname aaa
aaa(config)#

（8）显示交换机端口状态命令。对于调试和故障排除来说，这是唯一的最重要的命令。show running-configuration 命令显示当前配置状况，这个命令可以得知交换机当前的端口状态。该命令的实际输出包括所有端口的情况，一个接一个排列。如果仅仅只想显示某个端口的情况，可以使用另一种语法形式。

模式：特权或用户模式

显示所有端口命令：Switch#show interface

显示某个端口命令：Switch#show interface   <端口类型> <端口号>

参数：交换机常见的端口类型包括 ethernet（传统以太网端口）、fastethernet（快速以太网端口）、gigabitethernet（千兆以太网端口）以及 VLAN 接口、中继口等。端口号一般采用插槽号/端口号，如一般的插槽号为 0，其上的端口 1 则记为 0/1。

【例 3-13】显示千兆以太网端口 1/1 的接口状态。

Switch#show interface gigabitethernet 1/1

任务 3.2　应用 Cisco Packet Tracer 7.0 实现简单的机器互联

【任务描述】

钥尚公司需要搭建一个简单的交换式网络，实现销售部、市场部和财务部三个部门之间的互访和资源共享，刘芳作为网络管理员，用思科模拟器实现此过程，为便于后期管理维护，要求更改交换机的名字，配置 Enale 密码，查看 PC 机 IP 地址和 MAC 地址等。

【任务要求】

（1）熟悉交换机各种工作模式。

（2）掌握交换机基本配置。

（3）掌握交换式的网络搭建。

【知识链接】

3.2.1　以太网交换机

20 世纪 90 年代初，以太网交换机的出现，解决了共享式以太网平均分配带宽的问题，大大提高了局域网的性能。交换机提供了多个通道，允许多个用户之间同时进行数据传输。交换机的每一个端口所连接的网段都是一个独立的冲突域。

1. 交换机工作原理

交换机对数据的转发是以网络节点的 MAC 地址为基础的。

（1）交换机根据收到数据帧中的源 MAC 地址将其写入 MAC 地址映射表中，建立该地址同交换机端口的映射。

（2）交换机将数据帧中的目的 MAC 地址同已建立的 MAC 地址映射表进行比较，以决定由哪个端口进行转发。

（3）如数据帧中的目的 MAC 地址不在 MAC 地址映射表中，则向所有端口转发。这一过程称为泛洪（Flood）。

（4）在每次添加或更新地址映射表项时，该表项被赋予一个计时器，这使得该端口与 MAC 地址的对应关系能够存储一段时间。通过移走已过时的或老化的表项，交换机可以维护一个精确的地址映射表。

下面以图 3-15 为例来说明交换机的数据转发过程。图中的交换机有 5 个端口，其中端口 1、2、3、4、5 分别连接了计算机 A、B、C、D、E。通过交换机的学习功能，建立起端口与计算机的 MAC 地址的映射表。

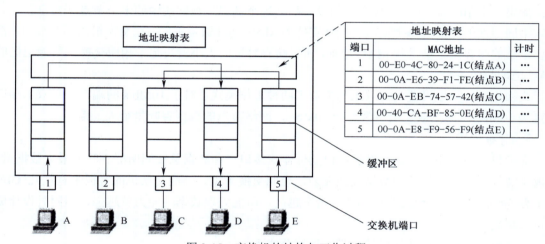

图 3-15 交换机的结构与工作过程

当节点 A 需要向节点 D 发送数据帧时，节点 A 将数据帧发往交换机端口 1。交换机接收到该帧，并检测出其中的目的 MAC 地址后，在交换机的端口 MAC 地址映射表中查找节点 D 所连接的端口号。查到节点 D 连接的端口号 4，建立起端口 1 和端口 4 间的连接，将数据帧转发到端口 4。

同时，若节点 E 需要向节点 C 发送数据帧。根据目的 MAC 地址，查找 MAC 地址映射表，建立起端口 5 和端口 3 间的连接，将端口 5 接收到的帧转发至端口 3。

这样，交换机在端口 1 至端口 4 和端口 5 至端口 3 之间建立了两条并发的连接。节点 A 和节点 E 可以同时发送信息，节点 D 和节点 C 同时接收信息。根据需要，交换机的各端口之间可以建立多条并发连接。交换机利用这些并发连接，对通过交换机的数据信息进行转发。

项目 3

2. 交换机的转发方式

以太网交换机对数据帧的转发方式分为以下三类：

（1）直通交换方式（Cut-Through）。直通交换方式是指在接收到帧中最前面的目的地址后，就根据目的地址查找到相应的交换机端口，并将该帧发送到该端口。其特点是速度快、延时小，在转发帧时不进行错误校验，可靠性相对较低。

直通交换主要适用于同速率端口和误码率低的环境。

（2）存储转发交换方式（Store-and-Forward）。存储转发交换方式要把帧全部接收到内部缓冲区中，并对帧进行校验，如果正确，则根据帧中的目的 MAC 地址查找 MAC 地址映射表，将帧转发出去。发现错误就丢掉该帧。其优点是可靠性高，能支持不同速率端口之间的转发；缺点是延迟时间长，交换机内的缓冲存储器有限，当负载较重时，易造成帧的丢失。

（3）改进的直通交换方式（碎片隔离方式）。改进的直通交换方式是将前两者结合起来，在收到帧的前 64 字节后，判断帧的长度，若数据帧的长度少于 64 字节，则认为它是一个碎片，将其丢弃，因此也称为碎片隔离方式。

以太网交换机有多个端口，每个端口可以单独与一个节点连接，也可以与一个以太网集线器连接。例如，如果一个 10Mb/s 端口只连接一个节点，这个节点就可以独占 10Mb/s 的带宽；如果一个 10Mb/s 端口连接一个网段，那么这个端口将被网段中的多个节点所共享。

不同档次的交换机每个端口所能够支持的 MAC 地址数量不同。在交换机的每个端口，都需要足够的缓存来记忆这些 MAC 地址，所以缓存容量的大小就决定了相应交换机所能记忆的 MAC 地址数的多少。

交换机端口可以设置为半双工与全双工两种工作模式。对于 10Mb/s 的端口，半双工端口带宽为 10Mb/s，而全双工端口带宽为 20Mb/s，网络节点的数据吞吐量增大一倍。

3. 背板带宽

交换机的背板带宽，是交换机接口处理器或接口卡和数据总线间所能吞吐的最大数据量。背板带宽标志了交换机总的数据交换能力，也叫交换带宽。一般交换机的背板带宽从几 Gb/s 到上百 Gb/s 不等。一台交换机的背板带宽越高，所能处理数据的能力就越强，但同时设计成本也会越高。

交换机上所有端口能提供的总带宽计算公式为：

总带宽=端口数×相应端口速率×2（全双工模式）

4. 交换技术分类

（1）按构建交换矩阵技术划分。交换矩阵是背板式交换机的硬件结构，用于在各个线路板卡之间实现高速的点到点连接。

用于构建交换矩阵的技术大体可分为两种：总线型和 Crossbar。

基于总线结构的交换机又分为共享总线和共享内存型总线两大类。

共享内存结构是通过共享输入输出端口的缓冲器，从而减少了对总存储空间的需求。分组的交换是通过指针调用来实现的，这提高了交换容量，速度受限于内存的访问速度。

Crossbar（交叉开关矩阵）结构可以同时提供多个数据通路。Crossbar 结构由 $N \times N$ 交叉矩阵构成。当交叉点 (X, Y) 闭合时，数据就从 X 输入端输出到 Y 输出端。交叉点的打开与闭合是由调度器来控制的。

（2）按交换机工作的协议层划分。按交换机工作在 OSI/RM 的协议层来分，目前主要有第二层、第三层和第四层交换机。

1）第二层交换技术。普通局域网交换机是一种第二层网络设备，交换机在操作过程中不断地收集资料去建立它本身的地址表。当交换机接收到一个数据包时，它检查数据包封装的目的 MAC 地址，查自己的地址表以决定从哪个端口发送出去。

网络站点间可独享带宽，消除了无谓的碰撞检测和差错重发，提高了传输效率，在交换机中可并行地维护几个独立的、互不影响的通信进程。

第二层交换只在本地不含任何路由器的工作组中性能才会提高。而在使用第二层交换的工作组之间，若使用路由器会因为路由器阻塞而掉包，从而导致性能下降。

2）第三层交换技术。传统的路由器基于软件，协议复杂，数据传输的效率低。随着 Internet、Intranet 的迅猛发展和 B/S（浏览器/服务器）计算模式的广泛应用，改进传统的路由器在网络中的瓶颈效应已经迫在眉睫。一种新的路由技术——第三层交换技术应运而生。它可操作在网络协议的第三层，是一种路由理解设备并可起到路由决定的作用；它是一个带有第三层路由功能的第二层交换机。从硬件上看，在第三层交换机中，路由硬件模块插接在高速背板/总线上，这种方式使得路由模块可以与需要路由的其他模块间高速地交换数据，从而突破了传统的外接路由器接口速率的限制。目前第三层交换机已得到了广泛的应用。

3）第四层交换技术。当一个网络的基础结构建立在 Gb/s 的第二层和第三层交换上，又有高速 WAN 接入，如果服务器速度跟不上，服务器就将成为瓶颈。高优先权的业务在这种网络中会因服务器中低优先权的业务队列而阻塞。为此，产生了基于服务器的第四层交换技术。

第四层传输层负责端对端通信，即在网络源和目标系统之间通信。交换的传输不仅仅依据 MAC 地址（第二层）或源/目标 IP 地址（第三层），而且依据 TCP/UDP（第四层）应用端口号来区分数据包的应用类型，从而实现应用层的访问控制和服务质量保证。

它直接面对具体应用，从功能来看，与其说第四层交换机是硬件网络设备，不如说它是软件网络管理系统。换句话说，就是一类以软件技术为主，以硬件技术为辅的网络管理交换设备。

第四层交换机不仅完全具备第三层交换机的所有交换功能和性能，还能支持第三层交换机所没有的网络流量和服务质量控制的智能型功能。

5. Trunk 技术

Trunk 是端口汇聚的意思，就是通过配置软件的设置，将 2 个或多个交换机物理端口组合在一起成为一条逻辑的路径从而增加在交换机和网络节点之间的带宽，将属于这几个端口的带宽合并，给端口提供一个几倍于独立端口的独享的高带宽。Trunk 是一种封装技术，它是一条点到点的链路，链路的两端可以都是交换机，也可以是交换机和路由器，通过两个或多个端口并行连接，以提供更高带宽、更大吞吐量，大幅度提高整个网络的能力。

6. 广播风暴

广播帧在网络中是必不可少的，当一个节点向交换机的某个端口发送了广播帧（如一个 ARP 广播）后，交换机将把收到的广播转发到所有与其相连的网络上。另外，客户机通过 DHCP 服务器自动获得 IP 地址的过程就是通过广播帧来实现的，而且，所有设备在网络中会定时播发广播包,以告知自己的存在。还有许多其他功能需要使用广播,如设备开机、消息播送、建立"转发表"及网桥不知网络上目的主机在什么地方等。

因此在网络中即使没有用户人为地发送广播帧,网络上也会出现一定数量的广播帧。当网络上的设备越来越多,广播所用的时间也越来越多,多到一定程度时,会造成整个网络的通信堵塞,使正常的点对点通信无法正常进行,甚至瘫痪,这种现象就称为"广播风暴"。

3.2.2 交换机的配置界面

交换机的配置界面即 CLI 界面,又称命令行界面,它是由一系列的配置命令组成的。命令行界面是交换机调试界面的主流界面,交换机的配置模式有用户模式、特权模式、全局配置模式和端口配置模式。

1. 交换机端口模式

(1)Access:链路类型端口,是交换机的一种主干道模式,主要将端口静态接入计算机。

(2)Trunk:用于交换机之间的连接。在路由/交换网络中,Trunk 通常被称为"中继"模式。如果交换机划分了多个 VLAN,那么 Access 模式的端口只能在某个 VLAN 中通信,而 Trunk 模式的端口则可以属于任何一个 VLAN。

2. 注意事项

(1)计算机与交换机以太端口相连,用直通线。

(2)PC 机 IP 地址的规划需在同一网段。

(3)Ping IP 地址:用于在网络设备中测试到达目的端的路由是否通畅。

【实现方法】

1. 网络设备的简单互联

(1)建立网络拓扑。网络设备的简单互联拓扑如图 3-16 所示。

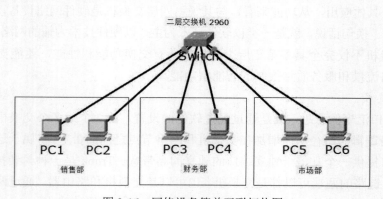

图 3-16　网络设备简单互联拓扑图

(2)规划设计。各 PC 机的 IP 地址、子网掩码、连接端口、线缆类型等规划设计见表 3-2。

表 3-2　规划设计表

PC 机	IP 地址	子网掩码	交换机接口	线缆类型
PC1	192.168.1.1	255.255.255.0	F0/1	直通线
PC2	192.168.1.2	255.255.255.0	F0/2	直通线
PC3	192.168.1.3	255.255.255.0	F0/3	直通线
PC4	192.168.1.4	255.255.255.0	F0/4	直通线
PC5	192.168.1.5	255.255.255.0	F0/5	直通线
PC6	192.168.1.6	255.255.255.0	F0/6	直通线

（3）配置 PC 机 IP 地址。单击计算机 PC1 图标，弹出 PC1 的配置界面，选择 Desktop（桌面）选项卡，单击 IP Configuration（IP 配置）图标，在 Static（静态 IP 地址）状态下配置 IP 地址，如图 3-17 所示。同理，为其他 PC 机配置 IP 地址。

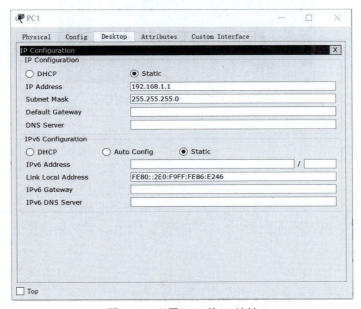

图 3-17　配置 PC1 的 IP 地址

（4）交换机基础配置。

1）进入交换机界面，进入全局配置模式。

```
Switch> enable
Switch#conf t
Switch(config)#
```

2）修改交换机的主机名。

```
Switch> enable
Switch#conf t
Switch(config) #hostname    SW1
SW1(config) #
```

3）查看交换机的 MAC（物理）地址表。

SW1(config) #show mac-address-table

4）验证测试　在 PC1 的"命令提示符"界面输入 ping 命令，分别 ping 销售部、财务部和市场部的 PC 机 IP 地址，分别查看是否 ping 通，以测试财务部的 PC3 为例，ping 通结果如图 3-18 所示。

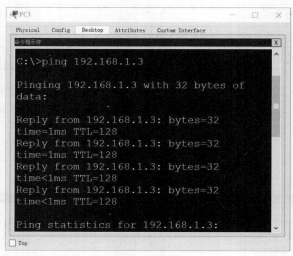

图 3-18　测试结果

【思考与练习】

理论题

1. 如果遇到两台 PC 之间不能 ping 通时，最可能出现的问题是什么？怎样查找？

2. 交换机与 PC 机之间的连线应该使用直通线，如果误将直通线换成了交叉线，结果会怎样？

实训题

根据如图 3-19 所示的拓扑图，完成以下练习。

（1）将网络设备按照拓扑图要求连接并命名。

（2）在 PC 机和交换机上做适当配置，实现三台 PC 机互通。

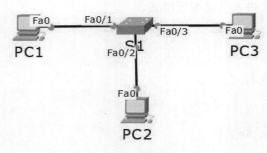

图 3-19　实训拓扑图

项目 4　优化办公网络

项目导读

　　随着业务的拓展，钥尚公司的业务部门增多，市场部、财务部、销售部和技术部等都分布在不同的楼层，且需要实现部门间的互访和资源共享，但由于财务部和人事部内部的一些信息资源属于公司机密，不能进行资源共享，需要在技术上进行处理。同时，销售部和市场部数据流量很大，希望能有较高的网络带宽支持，并且保证即使在网络出现故障时，也能够有很好的容错机制。

　　刘芳作为网络管理员，想利用思科模拟器来构建一个优化的、安全隔离的办公网络。

教学目标

　　（1）掌握交换机 VLAN 划分、端口划分的配置方法。
　　（2）掌握多台交换机之间 VLAN Trunk 配置的方法。
　　（3）掌握交换机端口绑定 MAC 地址、端口汇聚和生成树的配置方法。

任务 4.1　使用 VLAN 进行不同部门的业务隔离

【任务描述】

　　钥尚公司的财务部和技术部已经实现了网络互通和共享资源，但为了保证部门内部数据的安全性，希望通过网络设置进行 VLAN 的划分，实现部门间互不干扰。

【任务要求】

　　（1）熟悉交换机 VLAN 的创建。
　　（2）熟悉将端口划分到指定 VLAN 的方法。

【知识链接】

4.1.1　VLAN（虚拟局域网）

　　VLAN 是虚拟局域网（Virtual Local Area Network）的简称，是指在一个网络网段内划分出来的逻辑网络。

　　VLAN 的最大特性是不受物理位置的限制，可以进行灵活划分。它具备了一个物理网段所所具备的特性。相同 VLAN 内的主机可以相互直接通信，不同 VLAN 间的主机之间必须经过路由设备转发后才能相互访问，广播数据包只可以在本 VLAN 内进行广播，不能传输到其他 VLAN 中。因此，划分 VLAN 主要有以下作用：

（1）隔离广播域。交换机的每个接口在未划分 VLAN 之前都属于默认的 VLAN1，因此，所有接口成员都共享交换机内广播，形成一个广播域，而划分 VLAN 后，不同 VLAN 之间的广播信息是相互隔离的。

（2）优化网络管理。通过设置 VLAN 建立虚拟的工作组，将网络中不同物理位置的用户从逻辑上划分到同一组内。当 VLAN 中的用户位置变化时，网络管理员能借助 LVAN 轻松管理整个网络，减少其他操作开销。

（3）提高网络的利用率。通过将 VLAN 分段，可以在一个物理平台上运行多种相互之间要求相对独立的应用，而且各应用间不相互影响。

4.1.2　创建和删除 VLAN

交换机 VLAN 的创建在全局配置模式下进行，因此要先进入全局配置模式，输入如下代码：
创建 VLAN：vlan　〔vlan ID〕（如 vlan 100）
删除 VLAN：no vlan　〔vlan ID〕（如 no vlan 100）

4.1.3　VLAN 的端口划分

（1）划分单个端口进入某个 VLAN，以将 F0/1 端口划分给 VLAN 100 为例，在全局配置模式下输入如下代码：

Switch#interface f0/1	//进入单个端口模式
Switch#switchport access vlan 100	//将 F0/1 端口划分给 VLAN 100

（2）划分多个连续端口进入某个 VLAN。

Switch#interface range f0/1-5	//进入端口模式
Switch#switchport access vlan 100	//将 F0/1 至 F0/5 端口同时划分给 VLAN 100

【实现方法】

1．使用 VLAN 进行不同部门的业务隔离

（1）本任务拓扑图如图 4-1 所示。

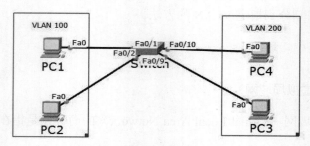

图 4-1　交换机 VLAN 划分拓扑

（2）4 台 PC 机的 IP 设置见表 4-1。

表 4-1　PC 机 IP 地址

PC 机	IP 地址	子网掩码	所属 VLAN
PC1	192.168.100.1	255.255.255.0	VLAN 100
PC2	192.168.100.2	255.255.255.0	VLAN 100
PC3	192.168.100.9	255.255.255.0	VLAN 200
PC4	192.168.100.10	255.255.255.0	VLAN 200

（3）进入交换机全局配置模式，创建 VLAN 100 和 VLAN 200。

```
Switch>enable
Switch#configure terminal
Switch(config)#vlan 100                    //创建 VLAN 100
Switch(config-vlan)#name caiwubu           //将 VLAN 100 命名为 caiwubu
Switch(config-vlan)#exit
Switch(config)#vlan 200                    //创建 VLAN 200
Switch(config-vlan)#name jishubu           //将 VLAN 200 命名为 jishubu
Switch(config-vlan)#exit
```

（4）将交换机的 1-2 接口划分给 VLAN 100，9-10 接口划分给 VLAN 200。

```
Switch(config)#interface range f0/1-2          //进入接口模式
Switch(config-if)#switchport access vlan 100    //将 F0/1-2 两个接口划分给 VLAN 100
Switch(config-if)#exit
Switch(config)#interface range f0/9-10         //进入接口模式
Switch(config-if)#switchport access vlan 200    //将 F0/9-10 两个接口划分给 VLAN 200
Switch(config)#exit
```

（5）查看 VLAN 配置情况　在交换机特权模式下，通过 show vlan 命令查看 VLAN 配置情况如图 4-2 所示。

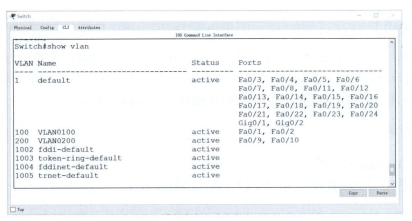

图 4-2　查看 VLAN 配置

（6）实验测试。

1）PC1 与 PC2 属于同一 VLAN，在 PC1 端用 ping 命令测试与 PC2 的连通性，可以看到是互通的。

2）PC1 与 PC3 属于不同 VLAN，在 PC1 端用 Ping 命令测试与 PC3 的连通性，可以看到是不通的。

【思考与练习】

理论题

1. 如果两台 PC 机所属相同 VLAN，但不能相互 ping 通，该如何查找错误所在？
2. 如果交换机上已经将 VLAN 及端口划分完毕，此时发现 VLAN 名称错误，该如何解决？

实训题

某公司有市场部、财务部、销售部和技术部等四个部门，公司网络通过一个二层交换机实现，由于公司内部需要，要求市场部和销售部网络通畅，财务部和技术部网络通畅，你作为网络管理员来设置该网络，请自行连接拓扑，并完成所有配置命令。相应 VLAN 和 IP 地址见表 4-2。

表 4-2 公司内部 VLAN 和 IP 地址

VLAN 号	VLAN 名称	IP 地址
VLAN 10	shichangbu	192.168.10.1/24
VLAN 20	xiaoshoubu	192.168.10.2/24
VLAN 30	caiwubu	192.168.10.3/24
VLAN 40	jishubu	192.168.10.4/24

任务 4.2　跨交换机的相同 VLAN 通信

【任务描述】

钥尚公司的市场部和技术部分布在两个不同的楼层，每个楼层既有市场部员工也有技术部员工，而且一台交换机只能满足一个楼层的网络互联，同时公司还要求同一部门的员工可以相互通信，各部门之间不能进行通信，此时就需要两台交换机实现。

【任务要求】

（1）掌握 Trunk 模式的设置方法和应用场景。
（2）熟悉不同交换机相同 VLAN 进行通信的设置方法。

【知识链接】

4.2.1　VLAN Trunk（虚拟局域网中继技术）

VLAN Trunk 的作用是让连接在不同交换机上的相同 VLAN 中的主机能够相互通信。

当交换机 1 的 VLAN 100 中的 PC 想要访问交换机 2 的 VLAN 100 中的 PC 时，我们可以将两台交换机的连接端口设置为 Trunk 模式，这样，当交换机把数据包从连接端口发出去的时候，会在数据包中做一个 TAG 标记，可使其他交换机识别该数据包属于哪一个 VLAN，然后将该数据包转发到标记中指定的 VLAN，从而完成跨交换机的相同 VLAN 的数据传输。

VLAN Trunk 目前有两种标准，分别为 ISL 和 802.1Q，前者是 Cisco 专属的技术标准，后者是 IEEE 的国际标准，除了 Cisco 设备外，其他厂商都只支持后者。

4.2.2　VLAN Trunk 的作用

1. 形成中继链路

中继链路可以同时对多个 VLAN 数据进行转发。

2. 连接不同交换机的 VLAN

为多个 VLAN 连接一条物理链路，只需要将一条链路设置为中继链路，完成不同交换机的相同 VLAN 的数据转发。

4.2.3　VLAN Trunk 的配置

实际工作中，Cisco 的交换机很少使用 ISL 技术，为保证与其他网络设备有更好的兼容性，更多使用 802.1Q 协议。在全局配置模式下，以链路连接端口 F0/24 为例，代码如下：

```
Switch(config)#interface f0/24            //进入 F0/24 的端口模式
Switch(config-if)#switchport trunk encapsulation dot1q
     //封装 dot1q 协议（由于二层交换机端口默认已经封装此协议，该语句可省略）
Switch(config-if)#switchport mode trunk   //将 F0/24 端口设置为中继模式
```

【实现方法】

（1）本任务拓扑图如图 4-3 所示。

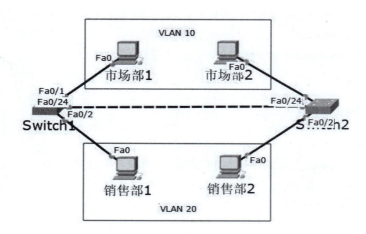

图 4-3　跨交换机通信实验拓扑图

（2）本任务 IP 地址及 VLAN 规划见表 4-3。

表 4-3　IP 地址及 VLAN 规划

所属交换机	设备名称	IP 地址	所属 VLAN
Switch1	市场部 1	192.168.10.1/24	VLAN 10
Switch1	销售部 1	192.168.10.2/24	VLAN 20
Switch2	市场部 2	192.168.10.324	VLAN 10
Switch2	销售部 2	192.168.10.4/24	VLAN 20

（3）在交换机 Switch1 上创建 VLAN 10 和 VLAN 20，并将其命名为市场部和销售部。

```
Switch1(config)#vlan 10                      //创建 VLAN 10
Switch1(config-vlan)#name shichangbu         //将 VLAN 10 命名为 shichangbu
Switch1(config-vlan)#exit
Switch1(config)#vlan 20                       //创建 VLAN 20
Switch1(config-vlan)#name xiaoshoubu         //将 VLAN 20 命名为 xiaoshoubu
Switch1(config-vlan)#exit
Switch1(config)#
```

（4）在交换机 Switch1 上将 F0/1 端口划分给 VLAN 10，将 F0/2 划分给 VLAN 20。

```
Switch1(config)#interface f0/1               //进入接口模式
Switch1(config-if)#switchport access vlan 10 //将 F0/1 端口划分给 VIAN 10
Switch1(config)#exit
Switch1(config)#interface f0/2               //进入接口模式
Switch1(config-if)#switchport access vlan 20 //将 F0/2 端口划分给 VLAN 20
Switch1(config) #exit
```

（5）依照（3）～（4）步方法，在交换机 Switch2 上创建 VLAN 10 和 VLAN 20，并将交换机 Switch2 上的 F0/1 和 F0/2 端口分别划分到 VLAN 10 和 VLAN 20 中。

（6）分别将 Switch1 和 Switch2 中两台交换机连接的端口（F0/24 口）配置为 Trunk 模式。

```
Switch1(config)#interface f0/24              //进入接口模式
Switch1(config-if)#switchport mode trunk     //将 F0/24 端口设置为 Trunk
Switch1(config)#exit

Switch2(config)#interface f0/24              //进入接口模式
Switch2(config-if)#switchport mode trunk     //将 F0/24 端口设置为 Trunk
Switch2(config)#exit
```

（7）最后，通过 ping 命令测试每台 PC 机的连通性，以在市场部 1 电脑上 ping 市场部 2 电脑为例，结果如图 4-4 所示。

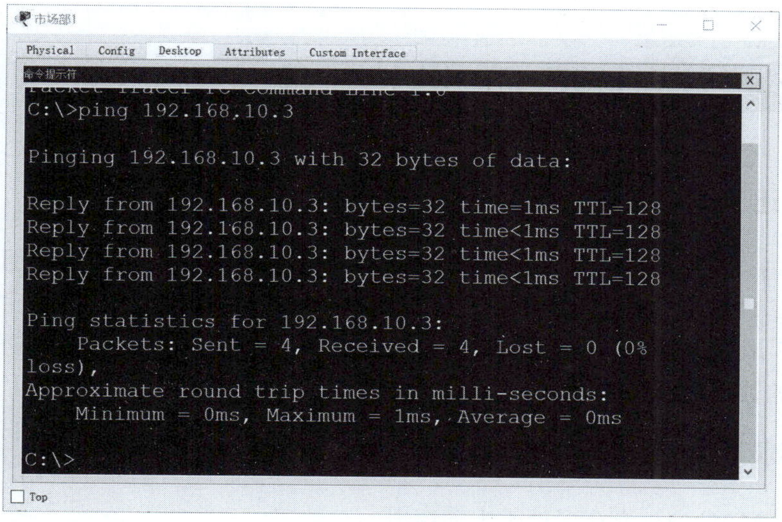

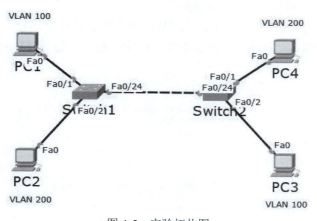

图 4-4 测试结果

【思考与练习】

理论题

1. 在未配置 F0/24 口为 Trunk 模式前，市场部的两台电脑能否 ping 通？为什么？

2. 如果在本实验中，销售部的两台电脑配置了不同网段的 IP 地址，还能否 ping 通？为什么？

实训题

根据如图 4-5 所示的拓扑图，自行规划 IP 地址，要求 PC1 与 PC3 为一组进行通信，PC2 和 PC4 为一组进行通信，每组之间不可以通信。

图 4-5 实验拓扑图

任务 4.3　交换机端口绑定 MAC 地址

【任务描述】

钥尚公司为提升网络的安全性，防止 IP 地址被盗用的现象发生，同时便于管理，决定要通过配置 MAC 地址表的方式将 MAC 地址与交换机端口进行绑定。MAC 地址与端口进行绑定后，该 MAC 地址的数据流只能从绑定端口进入，不能从其他端口进入，但不影响其他未绑定 MAC 地址的数据流。

【任务要求】

（1）掌握 MAC 地址表在交换机中的作用。
（2）熟悉实现 MAC 地址与交换机端口绑定的配置过程。

【知识链接】

4.3.1　MAC 地址

MAC 地址（Media Access Control Address），直译为媒体存储控制地址，也称为物理地址或网卡地址，它是一个用来定位网络设备的标识。

在 OSI 参考模型中，第三层网络层负责 IP 地址，第二层数据链路层则负责 MAC 地址，MAC 地址用于在网络中唯一标识一个网卡，一台设备若有多个网卡，则该设备会存在多个MAC 地址。

查询某台计算机的 MAC 地址，步骤如下：

（1）在桌面左下角的"开始"中或按"Win+R"组合键把"运行"程序调出来，在"运行"界面的文本框中输入"CMD"，然后单击"确定"按钮，如图 4-6 所示。

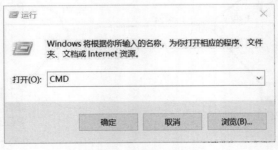

图 4-6　"运行"界面

（2）进入命令行界面，输入"ipconfig -all"命令并按"回车"键后，即可显示本机器的IP 地址信息，其中就包括本机的 MAC 地址（即物理地址），如图 4-7 所示。

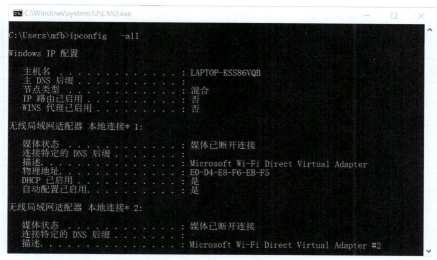

图 4-7 MAC 地址显示界面

4.3.2 MAC 地址绑定

MAC 地址与交换机端口绑定其实就是实现交换机端口的安全功能。端口安全功能可以配置一个端口只允许一台或者几台确定的设备访问，该端口也能根据 MAC 地址确定允许访问的设备。允许访问的设备的 MAC 地址既可以手工配置，也可以从交换机中"学到"，当一个未批准的 MAC 地址试图访问该端口的时候，交换机则会挂起或禁用该端口。

（1）启用端口安全命令如下：

Switch(config-if)#switchport port-security

（2）设置端口与 MAC 地址的绑定命令如下：

Switch(config-if)#switchport port-security mac-address E0D4.E8F6.EBF5
Switch(config-if)#switchport port-security violation shutdown   //违规则直接关闭端口

【实现方法】

（1）本任务拓扑图如图 4-8 所示。

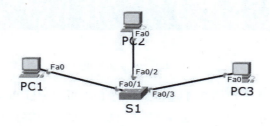

图 4-8 交换机端口绑定 MAC 地址拓扑图

（2）PC 机 IP 地址见表 4-4。

表 4-4 PC 机 IP 地址

设备名称	IP 地址	子网掩码
PC1	192.168.1.1	255.255.255.0
PC2	192.168.1.2	255.255.255.0
PC3	192.168.1.3	255.255.255.0
PC4	192.168.1.4	255.255.255.0

（3）在 PC1 的命令行界面查询 PC1 的 MAC 地址为 00E0.F9A3.549E，将其绑定在 F0/1 端口，命令如下：

```
Switch(config)#interface f0/1                                      //进入 F0/1 端口
Switch(config-if)#switchport mode access
Switch(config-if)#switchport port-security                         //启用端口安全
Switch(config-if)#switchport port-security mac-address 00E0.F9A3.549E   //绑定 MAC 地址
Switch(config-if)#switchport port-security violation shutdown      //违规则直接关闭端口
```

（4）MAC 地址绑定后，在 PC1 上 ping PC3，可以正常通信，如图 4-9 所示。

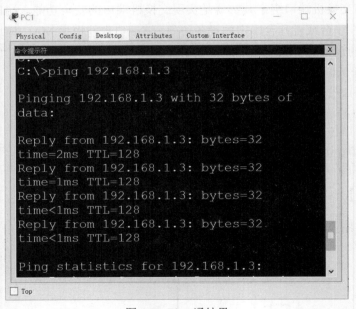

图 4-9 Ping 通结果

（5）将新添加的 PC4 替换掉 PC1 连接到 F0/1 口，再次测试 PC4 与 PC3 的连通性，则无法 ping 通，如图 4-10 所示。当 PC1 连接交换机 F0/1 口时，能够正常通信，但是当 PC4 连接到 F0/1 口，由于 PC1 的 MAC 地址已经与 F0/1 端口进行了绑定，导致端口关闭，因此，PC4 不能参与数据通信。

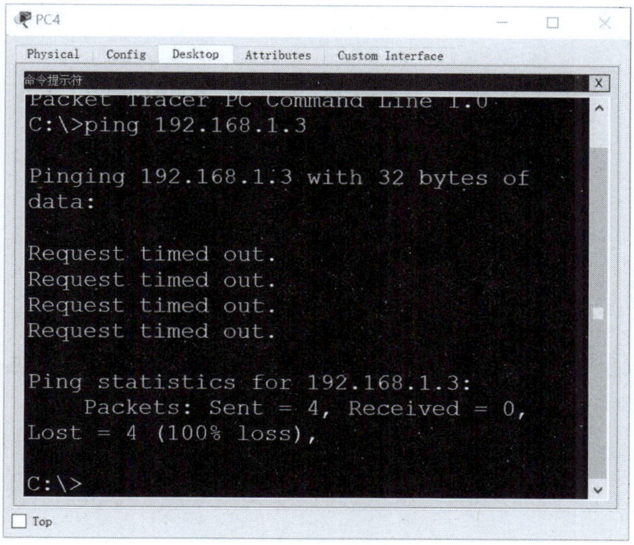

图 4-10　PC4 连接 F0/1 口后的测试结果

【思考与练习】

为了提升端口安全性，还能进行哪些措施？可以了解 IP 与 MAC 地址的绑定，以及 IP 与交换机端口的绑定等。

项目 5   构建小型企业网络

 项目导读

要实现不同网络间的数据互访，需要借助工作在 OSI 参考模型第三层的网络设备路由器来实现，通过路由器可以实现不同园区之间的网络互联。

 教学目标

（1）掌握路由器的基本配置方法。
（2）掌握单臂路由的基本配置方法。
（3）掌握静态路由的配置方法。
（4）掌握默认路由的使用方法。

任务 5.1   路由器配置

【任务描述】

钥尚公司为了实现总公司和分公司之间的网络互联，需要使用路由器进行配置，作为一名网络管理员，首先要了解路由器的工作原理并熟悉路由器的基本配置。

【任务要求】

（1）掌握路由器各种连线方式及了解路由器启动过程。
（2）掌握路由器的基本配置命令。
（3）通过 Console 方式登录路由器并对其进行基本配置。

【知识链接】

5.1.1   路由器概述

随着网络技术的发展，网络规模不断扩大，每台计算机要跟踪互联网络上其他计算机的独立地址是不可能的，必须有一套方案可以使网络中的每一台计算机方便地与其他计算机进行通信。路由器在互联网络中的作用就是在网络与网络之间负责转发各种数据，完成各网络之间的通信。

5.1.2　路由器组成

路由器也是一台计算机，它的硬件和计算机类似。它的内部是一块印刷电路板，电路板上有许多大规模集成电路及一些插槽，还有处理器（CPU）、内存、接口及总线等。路由器相当于一台具有特殊用途的高配置计算机。与计算机不同的是，它没有显示器、硬盘和键盘等设备。

1. 硬件构成

（1）中央处理器（CPU）：路由器的中央处理器负责管理和控制整个路由器的运行。它执行各种网络协议，进行路由决策，处理数据包的转发和过滤等任务。

（2）存储器：路由器需要使用存储器来保存各种路由表、转发表、缓冲区等信息。存储器包括随机存储器（RAM）和只读存储器（ROM）两种形式。

1）随机存储器（RAM）：用于存储临时数据，如当前路由表、转发表等。

2）只读存储器（ROM）：用于存储固定的启动程序等信息。

（3）接口：路由器通过各种不同类型的接口与其他设备或网络连接，实现数据的传输和通信。

1）以太网接口：用于连接局域网（LAN）中的设备，对接的设备可以是电脑、服务器等。

2）串口接口：用于连接远程设备，如调制解调器、交换机等。

3）光纤接口：用于连接长距离网络，如广域网（WAN）。

（4）网络接口卡（NIC）：用于将物理信号转换为数字信号，并提供给中央处理器进行处理。

（5）电源：为路由器提供电能供应，确保其正常工作。

2. 软件构成

（1）操作系统：路由器的操作系统是一种特殊的软件，负责控制和管理硬件，执行各种网络协议和路由算法，并提供用户接口。

常见的路由器操作系统有 Cisco IOS、Juniper Junos 等。

（2）路由协议：路由器通过路由协议来学习和传播网络内部和外部的路由信息，使其能够找到最佳的路径转发数据。常见的路由协议有 RIP、OSPF 等。

（3）防火墙：为了保护网络安全，许多路由器都内置了防火墙功能，用于过滤和监控数据包，防止未授权的访问和攻击。

5.1.3　路由器功能

路由器从一个接口上收到的数据包，根据数据包的目的地址进行定向并转发到另一个接口，这通常称为路由（Routing）。路由器进行这种路由决策需要查询内部路由表，该表可以手动添加或动态建立。当路由器根据默认配置加电时，它只知道与其直接连接接口的路由。

如图 5-1 所示，该路由器的两端接口分别连接 192.168.1.0 和 192.168.2.0 两个网段（称为直连路由）。在默认状态下，路由器唯一可以路由的网络是 192.168.1.0 和 192.168.2.0。如果路由器从 192.168.1.0 收到一个报文，其目的地址是 192.168.2.0，它可以路由该报文，因为它知道如何处理，它只需将报文从一个内部接口移到另一个接口。

图 5-1　直连路由

当网络拓扑中加入更多的路由器和网络后，路由过程就要复杂得多。如图 5-2 所示，在此拓扑中，主机 PC1 和 PC2 通过两个路由器相连，路由器 1 和路由器 2 共连接三个网络：192.168.1.0、192.168.2.0 和一个公共网络 192.168.3.0。路由器 1 的直连路由为 192.168.1.0 和 192.168.3.0，路由器 2 的直连路由为 192.168.3.0 和 192.168.2.0。

图 5-2　非直连路由

通过前面的分析，我们知道主机 192.168.1.0 可以通过路由器 1 与 192.168.3.0 网络上的主机通信；主机 192.168.2.0 可以通过路由器 2 与 192.168.3.0 网络上的主机通信，但是，主机 192.168.1.0 能否与主机 192.168.2.0 通信呢？答案是否定的。这是因为路由器 1 没有网络 192.168.2.0 的信息；反之，路由器 2 也没有网络 192.168.1.0 的信息。

为了完成这个通信，需要使路由 1 意识到网络 192.168.2.0 的存在，并且使路由器 2 意识到网络 192.168.1.0 的存在。两者缺一不可。我们可以通过两种方式完成，第一，手动输入路由信息到每个路由器的路由表中，这种方式称为静态路由（Static Routing）；第二，在两个路由器上都配置一个动态路由协议来相互学习路由信息，这种方式称为动态路由（Dynamic Routing）。具体的路由配置方法将在后续课程中详细介绍。

路由表中一条路由的基本信息包括目的网络以及下一跳地址（也称接口地址）和管辖距离。这会告诉路由器如何对它非直连网络的报文进行路由。

5.1.4　路由器的连接

（1）计算机与路由器连接，一般使用交叉线，如果对路由器进行配置时，使用配置线。

（2）交换机与路由器连接，使用直通线。

（3）路由器与路由器连接有三种方式：

1）路由器通过局域网以太网接口连接，一般使用交叉线连接。

2）路由器通过广域网串口连接，使用专用的串口线 DTE 或 DCE 连接。

3）路由器高速网络，使用光纤接入。

5.1.5　路由器基本配置

思科路由器的配置模式包括用户模式、特权模式、全局配置模式、端口模式、子接口模式、线路模式（虚拟线路或是控制台线路）、控制器模式和路由协议模式等。

进入某个模式都要由相应的配置命令来实现，但退出该模式可以采用通用的命令 exit。

（1）从用户模式进入特权模式。

Router>enable

（2）查看系统信息。

Router#show version

（3）显示路由器当前配置命令。

Router #show running-configuration

（4）从特权模式进入全局配置模式。

Router#configure terminal
Router(config)#

（5）进入 fastethernet 1 接口模式。

Router(config)#interface fastethernet 1
Router(config-if)#

（6）设置接口 fastethernet 1 的 IP 地址为 192.168.5.1。

Router(config-if)#ip address 192.168.5.1 255.255.255.0

（7）重启接口。

Router(config-if)#no shutdown

（8）退回到特权模式。

Router(config-if)#end
Router (config)#

（9）退回到上一级模式。

Router (config)#exit
Router#

（10）显示接口 fastethernet 1 的接口状态。

Router#show interface fastethernet 1

【实现方法】

（1）路由器的基本配置实验拓扑图如图 5-3 所示。

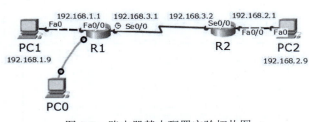

图 5-3　路由器基本配置实验拓扑图

（2）添加网络设备：根据图 5-3 所示的实验拓扑图，添加两台路由器、三台 PC 机，选择正确连线和接口并更改相应设备名称。PC0 使用配置线与路由器 R1 的 console 口相连，模拟真实环境中对路由器进行配置，模拟软件中直接单击路由器图标进入配置界面即可。

（3）为路由器添加模块：无论使用真实设备，还是使用模拟软件，为路由器添加模块时都需要将电源开关关闭，尤其使用真实设备时，带电操作容易损坏设备。下面以在模拟软件中为路由器添加 WIC-2T 模块为例详细操作如下：首先单击需要添加模块的路由器，打开路由器的物理界面，关闭电源按钮，在左侧模块区域中找到 WIC-2T 模块，按住鼠标左键将该模块拖拽至模块添加区域的对应插槽，松开鼠标即可。（注意：不同模块，对应插槽不同，需要根据模块的大小和形状，选择正确插槽）确定模块添加正确后，打开电源开关，如图 5-4 所示。

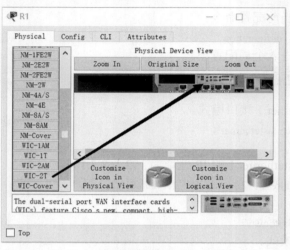

图 5-4　为路由器添加 WIC-2T 模块

（4）查看路由器端口配置。

1）在命令行界面通过 show running-config 命令查看路由器基本配置，该界面信息较多，可按回车键或空格键显示后续信息。

2）在图形界面中，将鼠标放在路由器图标上停留一会，即可显示一个消息提示框，该提示框中可查看路由器的端口类型、IP 地址、激活状态等信息。

（5）当首次进入路由器命令行界面时，会启动配置向导界面，如图 5-5 所示，通过该向导界面可以进行一些简单的基本设置，但通常直接输入 no，并回车，进入配置界面，而不进入对话模式。

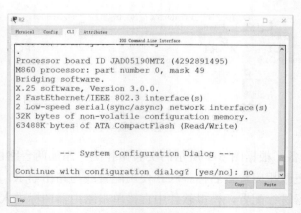

图 5-5　进入向导界面提示

（6）进入路由器配置界面后，可通过相应命令完成用户模式、特权模式、全局配置模式和接口模式的自由切换。退回到上一模式的命令为"exit"，直接退回到特权模式的命令为"end"。

1）用户模式和特权模式切换。

```
Router>                    //用户模式的提示符为">"
Router>enable              //该命令可简写为"en"
Router#                    //特权模式的提示符为"#"
Router#disable
Router>
```

2）进入全局配置模式。

```
Router>
Router>enable
Router#configure terminal  //该命令可以简写为"conf t"
Router(config)#            //全局配置模式的提示符为"(config)#"
```

3）进入接口模式。

```
Router>
Router>enable
Router#conf t
Router(config)#interface fastEthernet 0/0  //进入 F0/0 的接口模式，可简写为"int f0/0"
Router(config-if)#                          //接口模式的提示符为"(config-if)#"
```

（7）在路由器 R1 上配置接口 IP 地址。

```
Router>
Router>enable
Router#conf t
Router(config)#hostname R1                          //将路由器命名为 R1
R1(config)#int f0/0                                 //进入 F0/0 的接口模式
R1(config-if)#ip address 192.168.1.1 255.255.255.0
R1(config-if)#no shutdown                           //激活该接口
R1(config-if)#exit
R1(config)#int s0/0                                 //进入 Se0/0 的接口模式
R1(config-if)#clock rate 64000                      //DCE 端，配置时钟频率
R1(config-if)#ip address 192.168.3.1 255.255.255.0
R1(config-if)#no shutdown
R1(config-if)#exit
R1(config)#
```

（8）在路由器 R2 上配置接口 IP 地址。

```
Router>
Router>enable
Router#conf t
Router(config)#hostname R2
R2(config)#interface f0/0
R2(config-if)#ip address 192.168.2.1 255.255.255.0
R2(config-if)#no shutdown
R2(config-if)#exit
R2(config)#int s0/0
```

项目 5

87

```
R2(config-if)#ip address 192.168.3.2 255.255.255.0
R2(config-if)#no shutdown
R2(config-if)#exit
R2(config)#
```

（9）配置好 PC1 和 PC2 的 IP 地址和网关后，测试一下 PC1 与 PC2 能否 Ping 通，如果不通，找出原因。

【思考与练习】

根据如图 5-6 所示的拓扑图，完成各网络设备的连接及接口 IP 地址的配置。

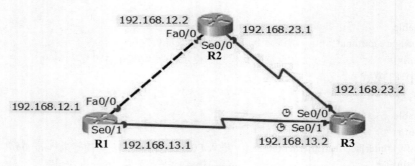

图 5-6　路由器配置练习拓扑图

任务 5.2　单臂路由实现 VLAN 间通信

【任务描述】

钥尚公司内部已经通过交换机的 VLAN 划分实现了部门间的通信阻隔，但人事部和财务部两个部门需要实现数据通信，现有拓扑为一台路由器与二层交换机连接，为实现两部门的 VLAN 间通信，需要通过单臂路由技术来完成。

【任务要求】

（1）掌握单臂路由技术的实现过程。
（2）了解划分子接口、封装 dot1Q 协议的方法。

【知识链接】

在交换网络中，通过 VLAN 对一个物理网络进行逻辑划分，不仅能够有效防止广播风暴的产生，还能提高网络安全性以及网络带宽的利用效率。但划分 VLAN 后，不同 VLAN 之间的主机不能通信，必须通过三层网络设备的路由功能，才能实现不同 VLAN 之间主机的相互访问，常用的三层网络设备为路由器和三层交换机等。

单臂路由技术是在路由器的以太网接口上建立子接口，并将子接口分配 IP 地址作为每个 VLAN 的网关，同时，在子接口上封装 IEEE 802.1Q 协议，使子接口成为干道模式，就可以利用路由器实现 VLAN 间的路由。

【实现方法】

（1）单臂路由实现 VLAN 间通信的实验拓扑图如图 5-7 所示。

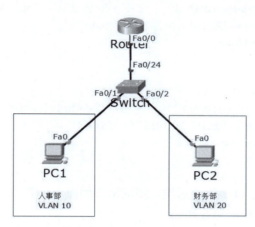

图 5-7　单臂路由实现 VLAN 间通信拓扑图

（2）2 台 PC 机的配置信息见表 5-1。

表 5-1　PC 机配置信息

PC 机	IP 地址	子网掩码	网关	所属 VLAN
PC1	192.168.1.10	255.255.255.0	192.168.1.1	VLAN 10
PC2	192.168.2.10	255.255.255.0	192.168.2.1	VLAN 20

（3）为交换机划分 VLAN，添加端口。

```
Switch(config)#vlan 10
Switch(config-vlan)#name renshibu
Switch(config-vlan)#exit
Switch(config)#vlan 20
Switch(config-vlan)#name caiwubu
Switch(config-vlan)#exit
Switch(config)#
Switch(config)#interface f0/1
Switch(config-if)#switchport access vlan 10
Switch(config-if)#exit
Switch(config)#interface f0/2
Switch(config-if)#switchport access vlan 20
Switch(config-if)#exit
Switch(config)#
```

（4）将交换机的 F0/24 接口设置为 Trunk 模式。

```
Switch(config)#interface f0/24              //进入 F0/24 端口
Switch(config-if)#switchport mode trunk     //修改端口模式为 Trunk 模式
Switch(config-if)#exit
Switch(config)#
```

（5）在路由器以太网接口上划分子接口，并配置 IP 地址。

```
Router(config)#Interface f0/0-1
Router(config-subif)#encapsulation dot1q 10    //封装 dot1q 协议，并允许 Vlan 10 数据通过
Router(config-subif)#ip address 192.168.1.10 255.255.255.0
Router(config-subif)#no shutdown
Router(config-subif)#exit
Router(config)#
Router(config)#Interface f0/0-2
Router(config-subif)#encapsulation dot1q 20    //封装 dot1q 协议，并允许 Vlan 20 数据通过
Router(config-subif)#ip address 192.168.2.10 255.255.255.0
Router(config-subif)#no shutdown
Router(config-subif)#exit
Router(config)#
```

（6）最后测试 PC1 与 PC2 的连通性，测试结果如图 5-8 所示，说明已经通过单臂路由技术实现了不同 VLAN 间主机的相互通信。

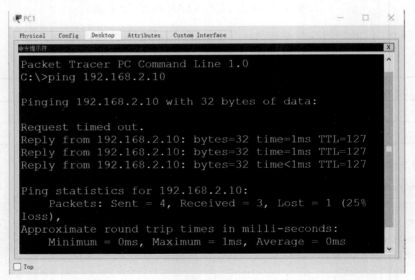

图 5-8   PC1 与 PC2 相互 Ping 通

【思考与练习】

使用单臂路由技术实现两台不同 VLAN 的主机相互连通，相关接口、IP 和 VLAN 等设置如图 5-9 所示。

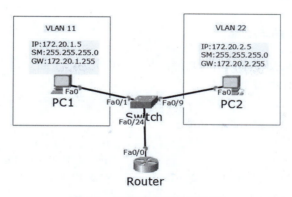

图 5-9　单臂路由练习拓扑图

任务 5.3　三层交换机配置

【任务描述】

钥尚公司的北京分公司由市场部和财务部组成，两个部门之间分别通过二层交换机与三层交换机相连。三层交换机作为汇聚层的核心交换机，连接不同网段的网络设备，要完成数据包的转发功能，现需要对三层交换机进行设置，实现不同部门间不同 VLAN 的网络互联互通问题。

【任务要求】

（1）掌握三层交换机的基本配置。
（2）掌握三层交换机开启三层路由的方法。
（3）掌握三层交换机端口配置 IP 的方法。

【知识链接】

5.3.1　三层交换技术

三层交换技术就是二层交换技术＋三层转发技术。传统的交换技术是在 OSI 网络标准模型中的第二层——数据链路层进行操作的，而三层交换技术是在网络模型中的第三层——网络层实现了数据包的高速转发。应用第三层交换技术既可实现网络路由的功能，又可以根据不同的网络状况做到最优的网络性能。三层交换机的以太口比一般的路由器多，更加适合多个局域网段之间的互联。

三层交换机的所有端口默认情况下都属于二层端口，不具有路由功能，不能直接配置 IP 地址，但可以通过开启物理端口的三层路由功能来实现将三层交换机的端口配置 IP 地址。

5.3.2　三层交换机基本配置

三层交换机包含二层交换机的所有功能，此处不再赘述，下面介绍三层交换机的特有配置。

（1）三层交换机开启路由功能。

```
Switch(config)#ip routing
```

（2）三层交换机端口启用路由功能。

```
Switch(config)#int f0/1                          //进入 F0/1 端口
Switch(config-if)#no switchport                  //开启该端口路由功能
Switch(config-if)#ip add 172.16.10.1 255.255.255.0   //配置 IP 地址
Switch(config-if)#no shutdown
```

【实现方法】

1. 三层交换机实现 VLAN 间通信

（1）添加一台 3560 三层交换机，修改其标签名为 S1，添加 4 台计算机，分别修改标签名为 PC1～PC4，连线及连接端口如图 5-10 所示。

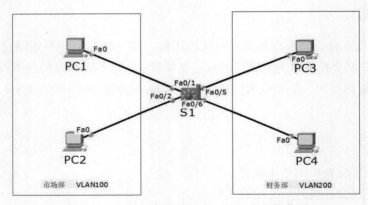

图 5-10　三层交换机实现 VLAN 间通信拓扑图

（2）PC 机 IP 地址及 VLAN 规划见表 5-2。

表 5-2　IP 地址及 VLAN 规划

PC 机	IP 地址	网关	所属 VLAN
PC1	192.168.100.1	192.168.100.100	VLAN 100
PC2	192.168.100.2	192.168.100.100	VLAN 100
PC3	192.168.200.3	192.168.200.200	VLAN 200
PC4	192.168.200.4	192.168.200.200	VLAN 200

（3）在三层交换机 S1 上划分 VLAN 并分配端口，命令如下：

```
Switch(config)#vlan 100
Switch(config-vlan)#vlan 200
Switch(config-vlan)#exit
```

```
Switch(config)#int range f0/1-2
Switch(config-if-range)#switchport access vlan 100
Switch(config-if-range)#exit
Switch(config)#int range f0/5-6
Switch(config-if-range)#switchport access vlan 200
Switch(config-if-range)#exit
```

（4）配置 VLAN 100 和 VLAN 200 的 IP 地址，命令如下：

```
Switch(config)#int vlan 100
Switch(config-if)#ip add 192.168.100.100 255.255.255.0
Switch(config-if)#no shutdown
Switch(config-if)#exit
Switch(config)#int vlan 200
Switch(config-if)#ip add 192.168.200.200 255.255.255.0
Switch(config-if)#no shutdown
Switch(config-if)#exit
```

此时，可测试 4 台 PC 机的通信情况，测试后发现 PC1 和 PC2 之间以及 PC3 和 PC4 之间可以 ping 通，但 PC1 与 PC3、PC4 以及 PC2 与 PC3、PC4 均不能 ping 通。这是因为在计算机之间要实现跨网段互联时，必须通过网关进行路由转发，所以要实现交换机 VLAN 间路由，必须为每台计算机配置网关（PC 机网关为其所属 VLAN 的 IP 地址），并开启三层交换机的路由功能。

（5）开启三层交换机的路由功能，命令如下：

```
Switch(config)#ip routing          //开启三层交换机的路由功能
```

（6）设置 PC 机的网关（以 PC1 为例），步骤如下：

单击 PC1 图标，进入"桌面"中的"IP 配置"界面，在默认网关文本框中输入 192.168. 100.100，如图 5-11 所示。

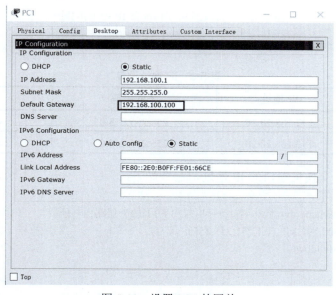

图 5-11　设置 PC1 的网关

（7）使用同样方法，设置好其他三台 PC 机的网关，至此，本实验的所有配置均已完成，下面进行连通性测试，以 PC1 同 PC4 测试为例，测试结果如图 5-12 所示。待全部测试完成后，本实验全部完成。

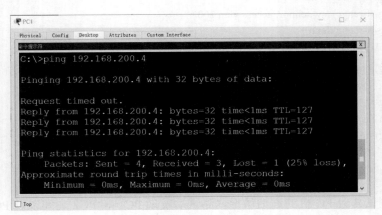

图 5-12　测试 PC1 已 Ping 通 PC4

2．三层交换机端口配置 IP 地址

（1）添加一台 3560 三层交换机，修改其标签名为 SA，添加 2 台计算机，分别修改标签名为 PC1、PC2，连线及连接端口如图 5-13 所示。

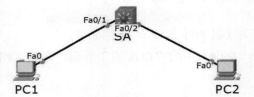

图 5-13　三层交换机端口配置 IP 地址拓扑图

（2）PC 机 IP 地址设置见表 5-3。

表 5-3　IP 地址设置

PC 机	IP 地址	子网掩码	网关
PC1	192.168.10.10	255.255.255.0	192.168.10.1
PC2	192.168.20.20	255.255.255.0	192.168.20.1

（3）配置三层交换机端口的 IP 地址，命令如下：

```
SA(config)#int f0/1
SA(config-if)#no switchport          //开启端口 F0/1 的三层路由功能
SA(config-if)#ip add 192.168.10.1 255.255.255.0
SA(config-if)#no shutdown
SA(config-if)#exit
SA(config)#int f0/2
SA(config-if)#no switchport          //开启端口 F0/2 的三层路由功能
```

```
SA(config-if)#ip add 192.168.20.1 255.255.255.0
SA(config-if)#no shutdown
SA(config-if)#exit
```

（4）将三层交换机开启路由功能，并设置好两台 PC 机的网关后，即可测试 PC1 与 PC2 通信成功了。

【思考与练习】

本练习需要 3560 三层交换机 1 台、2960 二层交换机 2 台、PC 机 4 台，端口、连线情况如图 5-14 所示，各 PC 机 IP 地址设置及所属 VLAN 信息见表 5-4。

正确配置后实现全网互通。

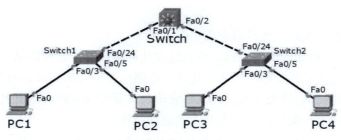

图 5-14 练习拓扑图

表 5-4   PC 机 IP 地址设置

PC 机	所属 Vlan	IP 地址	网关
PC1	VLAN 11	192.168.11.11/24	192.168.11.1
PC2	VLAN 22	192.168.22.22/24	192.168.22.1
PC3	VLAN 33	192.168.33.33/24	192.168.33.1
PC4	VLAN 44	192.168.44.44/24	192.168.44.1

任务 5.4　静态路由

【任务描述】

随着钥尚公司业务范围进一步扩大，交换式网络已经不能满足公司需求，导致公司总部与部门之间需要通过两台路由器进行连接，现需要在路由器上做适当的路由协议配置，实现公司与部门之间的主机正常通信。

【任务要求】

（1）掌握静态路由的配置方法。

（2）了解静态路由的应用场景。

（3）学会查询路由表信息。

【知识链接】

5.4.1 静态路由简介

路由器获取路由信息的方式有两种，分别是静态路由和动态路由，本节主要讲解静态路由的配置。

静态路由是指网络管理员手动配置的路由信息。手动配置静态路由需要网络管理员非常了解网络拓扑结构，在网络规模较小时使用较多，当网络规模较大时会耗费大量的时间和精力，还容易出错。

一般在以下几种情况时应使用静态路由：

（1）网络拓扑结构比较简单，网络中只包含几台路由器。此种情况下，网络管理员较熟悉网络拓扑，可以方便地添加静态路由，使用动态路由反而会增加额外的管理负担。

（2）如果网络的保密性要求较高，网络管理员需要控制链路或路由表，使用静态路由可以只允许网络管理员进行配置，其他人都无法进行操作。

（3）网络仅通过单个 ISP（Internet Servise Provider，互联网服务提供商）接入 Internet，则该 ISP 就是网络唯一的 Internet 出口，因此，不必要使用动态路由。

（4）当路由器资源有限，无法运行路由选择协议时，它就无法实现通过其他路由器动态获取路由信息，此种情况下，可以使用静态路由，手动配置路由条目来更新路由表。

5.4.2 静态路由配置

（1）静态路由配置命令是一个全局配置命令，需要在本地路由器上宣告与之非直连的目的网络。一般命令格式如下：

ip route 目的网络地址 目的网络子网掩码 〔本地出接口/下一跳地址〕

1）本地出接口：指转发路径指向的本地接口，此时信息由路由器本地接口转发出去。

2）下一跳地址：转发路径指向对端路由器相连接口的 IP 地址，即目标网络的入口地址，也称下一跳地址。如果路径转发过程中，经过多个路由器才能到达目的网络，一般则选择离目的网络最近的入口地址作为下一跳地址。

（2）下面以图 5-15 所示的网络拓扑为例，比较两种命令的写法（以在 R1 路由器上宣告与之非直连的 192.168.2.0 网络为例）。

1）ip route 192.168.2.0 255.255.255.0 f0/1

此条命令的作用是在路由器 R1 中添加一条由当前路由器到达 192.168.2.0/24 网络的路由，即当前路由器只需将数据从自己的 Fa0/1 接口转发出去即可。

2）ip route 192.168.2.0 255.255.255.0 192.168.3.2

此条命令的作用同样是在路由器 R1 中添加一条由当前路由器到达 192.168.2.0/24 网络的路由，并指定当前路由器的数据到达 192.168.2.0/24 网络的下一跳地址为 192.168.3.2。

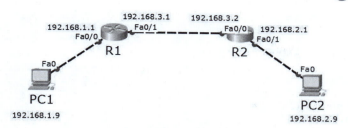

图 5-15　静态路由示例拓扑图

5.4.3　默认路由应用

1. 默认路由

默认路由是一种特殊的静态路由，当路由表中没有对应于目标网络的路由条目时，路由器将使用默认路由转发数据。通常情况下，当网络中存在末梢网络时可使用默认路由。这是因为末梢网络通常只有一条出口路径，使用默认路由可以简化路由器配置，提高效率。

2. 默认路由配置

配置默认路由的命令与静态路由相似，一般命令格式如下：

ip route 0.0.0.0 0.0.0.0〔本地出接口/下一跳地址〕

取消静态路由或默认路由的命令为：

no ip route〔网络地址〕〔子网掩码〕

【实现方法】

1. 静态路由配置

（1）静态路由配置的实验拓扑图如图 5-15 所示。

（2）PC 机的配置信息见表 5-5。

表 5-5　PC 机配置信息

PC 机	IP 地址	子网掩码	网关
PC1	192.168.1.9	255.255.255.0	192.168.1.1
PC2	192.168.2.9	255.255.255.0	192.168.2.1

（3）在路由器 R1 上配置接口 IP 地址。

```
Router>en
Router#conf t
Router(config)#hostname R1
R1(config)#int f0/0
R1(config-if)#ip address 192.168.1.1 255.255.255.0
R1(config-if)#no shutdown
R1(config-if)#exit
R1(config)#int f0/1
R1(config-if)#ip address 192.168.3.1 255.255.255.0
R1(config-if)#no shutdown
```

```
R1(config-if)#exit
R1(config)#
```

（4）在路由器 R2 上配置接口 IP 地址。

```
Router>en
Router#conf t
Router(config)#hostname R2
R2(config)#int f0/0
R2(config-if)#ip address 192.168.2.1 255.255.255.0
R2(config-if)#no shutdown
R2(config-if)#exit
R2(config)#int f0/1
R2(config-if)#ip address 192.168.3.2 255.255.255.0
R2(config-if)#no shutdown
R2(config-if)#exit
R2(config)#
```

（5）在路由器 R1 上配置静态路由。

```
R1(config)#ip route 192.168.2.0 255.255.255.0 192.168.3.2        //下一跳地址为 192.168.3.2
```

（6）在路由器 R2 上配置静态路由。

```
R2(config)#ip route 192.168.1.0 255.255.255.0 192.168.3.1        //下一跳地址为 192.168.3.1
```

（7）在路由器 R1 上查看路由表，以字母"C"开头的路由为路由器直连路由，以字母"S"开头的路由为手动添加的静态路由，如图 5-16 所示。

```
R1#show ip route                    //查看路由表
```

```
R1#show ip route
Codes: C - connected, S - static, I - IGRP, R - RIP, M - mobile, B - BGP
       D - EIGRP, EX - EIGRP external, O - OSPF, IA - OSPF inter area
       N1 - OSPF NSSA external type 1, N2 - OSPF NSSA external type 2
       E1 - OSPF external type 1, E2 - OSPF external type 2, E - EGP
       i - IS-IS, L1 - IS-IS level-1, L2 - IS-IS level-2, ia - IS-IS
inter area
       * - candidate default, U - per-user static route, o - ODR
       P - periodic downloaded static route

Gateway of last resort is not set

C    192.168.1.0/24 is directly connected, FastEthernet0/0
S    192.168.2.0/24 is directly connected, FastEthernet0/1
C    192.168.3.0/24 is directly connected, FastEthernet0/1
```

图 5-16　路由表查询结果

（8）同理，在 R2 上同样可以查询到以"S"开头的 192.168.1.0 网络，此时，测试 PC1 与 PC2 就可以 ping 通了。

2. 默认路由配置

（1）默认路由配置的实验拓扑图如图 5-17 所示。

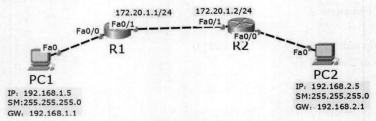

图 5-17　默认路由配置实验拓扑图

（2）在路由器 R1 上配置接口 IP 地址。

```
Router>en
Router#conf t
Router(config)#hostname R1
R1(config)#int f0/0
R1(config-if)#ip address 192.168.1.1 255.255.255.0
R1(config-if)#no shutdown
R1(config-if)#exit
R1(config)#int f0/1
R1(config-if)#ip address 172.20.1.1 255.255.255.0
R1(config-if)#no shutdown
R1(config-if)#exit
R1(config)#
```

（3）在路由器 R2 上配置接口 IP 地址。

```
Router>en
Router#conf t
Router(config)#hostname R2
R2(config)#int f0/0
R2(config-if)#ip address 192.168.2.1 255.255.255.0
R2(config-if)#no shutdown
R2(config-if)#exit
R2(config)#int f0/1
R2(config-if)#ip address 172.20.1.2 255.255.255.0
R2(config-if)#no shutdown
R2(config-if)#exit
R2(config)#
```

（4）在路由器 R1 上配置默认路由。

```
R1(config)#ip route 0.0.0.0 0.0.0.0 172.20.1.2
```

（5）在路由器 R2 上配置静态路由。

```
R2(config)#ip route 0.0.0.0 0.0.0.0 172.20.1.1
```

（6）在路由器 R1 上查看路由表，可以看到以字母"S*"开头的路由条目，代表其为默认路由，如图 5-18 所示。

```
R1#show ip route                    //查看路由表
```

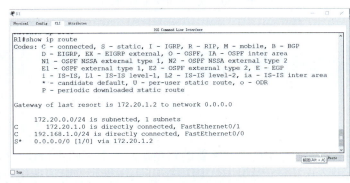

图 5-18　默认路由查询结果

（7）测试 PC1 与 PC2 是否可以正常通信。

【思考与练习】

理论题

1．默认路由一般配置在边界路由器上，如果在某网络拓扑中存在非边界路由器，要想全网互通，该怎样配置路由？

2．配置默认路由要比配置静态路由节省时间，提高效率，但能否在任何网络拓扑中将全部路由器配置默认路由？

实训题

1．正确配置静态路由协议，实现三台 PC 机全网互通，实训拓扑图如图 5-19 所示。

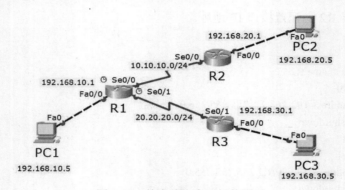

图 5-19　静态路由实训拓扑图

2．正确配置默认路由协议，实现全网互通，实训拓扑图如图 5-20 所示。

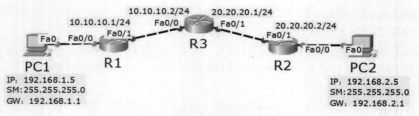

图 5-20　默认路由实训拓扑图

任务 5.5　动态路由配置

【任务描述】

静态路由协议是由网络管理员手动配置的路由信息。静态路由协议一般只能用于比较简单的网络拓扑中，当网络拓扑结构规模较大或较复杂时，人工配置静态路由协议工作量非常大，也较容易出错，此时，静态路由已无法满足要求，只能采用配置动态路由协议的方式来完成网络设置。

【任务要求】

（1）掌握 RIP 动态路由的配置方法。
（2）掌握 OSFP 单区域动态路由的配置方法。
（3）了解 OSPF 多区域动态路由的配置方法。

【知识链接】

5.5.1 动态路由简介

动态路由是与静态路由相对的一个概念，指路由器能够根据路由器之间的交换的特定路由信息自动地建立自己的路由表，并且能够根据链路和节点的变化适时地进行自动调整。当网络中节点或节点间的链路发生故障，或存在其他可用路由时，动态路由可以自行选择最佳的可用路由并继续转发报文。

动态路由机制的运作依赖路由器的两个基本功能：路由器之间实时的路由信息交换和对路由表的维护：

（1）路由器之间适时地交换路由信息。动态路由之所以能根据网络的情况自动计算路由、选择转发路径，是由于当网络发生变化时，路由器之间彼此交换的路由信息会告知对方网络的这种变化，通过信息扩散使所有路由器都能得知网络变化。

（2）路由器根据某种路由算法（不同的动态路由协议算法不同）把收集到的路由信息加工成路由表，供路由器在转发 IP 报文时查阅。

在网络发生变化时，收集到最新的路由信息后，路由算法重新计算，从而可以得到最新的路由表。

需要说明的是，路由器之间的路由信息交换在不同的路由协议中的过程和原则是不同的。交换路由信息的最终目的在于通过路由表找到一条转发 IP 报文的"最佳路径"。每一种路由算法都有其衡量"最佳路径"的一套原则，大多是在综合多个特性的基础上进行计算，如跳数、网络传输开销（cost）等。

常见的动态路由协议有：RIP、OSPF、IS-IS、BGP、IGRP/EIGRP。每种路由协议的工作方式、选路原则等都有所不同。

本文将重点介绍 RIP、单区域（OSPF）以及多区域（OSPF）三种动态路由协议的配置方法。

5.5.2 RIP 路由协议

RIP（Routing Information Protocol，路由信息协议）是一种基于距离矢量算法的动态路由选择协议，它主要用于在小型到中型网络中自动计算和更新路由表，以便网络设备能够选择最佳路径来转发数据包。RIP 协议使用 UDP 的 520 端口作为传输协议，并通过定期发送和接收路由更新信息来维护网络中的路由表。每个路由器都会根据收到的路由信息计算到达目标网络的"跳数"，并以此为依据选择最佳的转发路径，最大跳数为 16，超过就表示路由不可达。

RIP 路由协议由于受到跳数的限制，导致其只适用于小型网络结构，但该协议具有简单、可靠、便于配置等优点，因此使用非常广泛。

目前 RIP 路由协议共有两个版本，RIPv1 和 RIPv2，具体区别为：

（1）RIPv1 版本：使用分类路由，在它的路由更新中并不带有子网的资讯，因此无法支持可变长度子网掩码。这个限制造成在 RIPv1 的网络中，同级网络无法使用不同的子网掩码。另外，它也不支持对路由过程的认证，使 RIPv1 有被攻击的可能。

（2）RIPv2 版本：因为 RIPv1 的缺陷，RIPv2 在 1994 年被提出，将子网络的资讯包含在内，通过这样的方式提供无类别域间路由。另外，针对安全性的问题，RIPv2 也提供一套方法，通过加密来达到认证的效果。

5.5.3 OSPF 动态路由协议

OSPF（Open Shortest Path First，开放式最短路径优先）是广泛使用的一种动态路由协议，它属于链路状态路由协议，具有路由变化收敛速度快、无路由环路、支持变长子网掩码（VLSM）和汇总、层次区域划分等优点。在网络中使用 OSPF 协议后，大部分路由将由 OSPF 协议自行计算和生成，无须网络管理员人工配置，当网络拓扑发生变化时，协议可以自动计算、更正路由，极大地方便了网络管理。

OSPF 的协议管理距离（AD）是 110，OSPF 配置常见参数如下。

1. Router-ID

网络中必须给每一个 OSPF 路由器定义一个身份，即 Router-ID，并且 Router-ID 在网络中绝对不可以有重名，否则路由器无法通过链路状态信息确定网络位置。每一台 OSPF 路由器只有一个 Router-ID，Router-ID 使用 IP 地址来表示，确定 Router-ID 的方法有以下几种。

（1）手工指定 Router-ID。

（2）选择路由器上活动 Loopback（环回）接口中 IP 地址最大的，也就是数字最大的，如 C 类地址优先于 B 类地址，一个非活动的端口的 IP 地址是不能被选为 Router-ID 的。

（3）如果没有活动的 Loopback（环回）接口，则选择活动物理端口 IP 地址最大的。

2. Cost 值

OSPF 使用端口的带宽来计算度量值（Metric），OSPF 会自动计算端口上的 Cost 值，但也可以通过手工指定该端口的 Cost 值，手工指定的值优先于自动计算的值。OSPF 计算的 Cost 值和端口带宽成反比，带宽越高，Cost 值越小。

3. OSPF 区域

OSPF 网络分为两个级别层次：骨干区域（Area 0）和非骨区域（Areas ID）。在一个 OSPF 区域中只能有一个骨干区域，但可以有多个非骨干区域，骨干区域的区域号为 0。

【实现方法】

1. RIP 路由协议配置

（1）添加三台 2621XM 路由器，分别修改标签名为 R1、R2、R3，添加两台计算机分别命名为 PC1、PC2，连线和接口信息如图 5-21 所示。

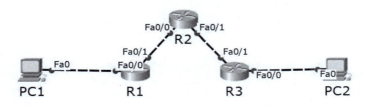

图 5-21　RIP 路由协议配置拓扑图

（2）路由器各端口配置信息见表 5-6，计算机的 IP 地址设置见表 5-7。

表 5-6　路由器端口 IP 设置

设备名称	端口	IP 地址
R1	F0/0	172.20.10.1
	F0/1	10.10.10.1
R2	F0/0	10.10.10.2
	F0/1	20.20.20.1
R3	F0/0	172.20.20.1
	F0/1	20.20.20.2

表 5-7　计算机 IP 地址设置

设备名称	IP 地址	子网掩码	网关
PC1	172.20.10.5	255.255.255.0	172.20.10.1
PC2	172.20.20.5	255.255.255.0	172.20.20.1

（3）配置路由器各端口 IP 地址（以路由器 R1 为例），代码如下：

```
R1(config)#int f0/0
R1(config-if)#ip add 172.20.10.1 255.255.255.0
R1(config-if)#no shutdown
R1(config-if)#exit
R1(config)#int f0/1
R1(config-if)#ip add 10.10.10.1 255.255.255.0
R1(config-if)#no shutdown
R1(config-if)#exit
R1(config)#
```

请按照上面步骤，自行配置路由器 R2、R3 各端口 IP 地址。

（4）配置 RIP 动态路由，代码如下：

R1：

```
R1(config)#router rip                        //开启 RIP 路由协议
R1(config-router)#version 2                  //选择 RIP 路由协议的版本 2
R1(config-router)#network 172.20.10.0        //宣告本地直连网段
R1(config-router)#network 10.10.10.0
R1(config-router)#no auto-summary            //关闭自动汇总
R1(config-router)#end
R1#
```

R2：

```
R2(config)#router rip
R2(config-router)#version 2
R2(config-router)#network 20.20.20.0
R2(config-router)#network 10.10.10.0
R2(config-router)#no auto-summary
R2(config-router)#end
R2#
```

R3：

```
R3(config)#router rip
R3(config-router)#version 2
R3(config-router)#network 172.20.20.0
R3(config-router)#network 20.20.20.0
R3(config-router)#no auto-summary
R3(config-router)#end
R3#
```

（5）查询路由器 R1 的路由表，代码如下：

```
R1#show ip route                   //查询路由器 R1 的路由表
```

路由表查询结果如图 5-22 所示，其中，以"R"开头的两个网段即为通过 RIP 动态路由自动学习到的非直连网段。当每个路由器都能动态学习到自己的非直连网段，则全网互通。

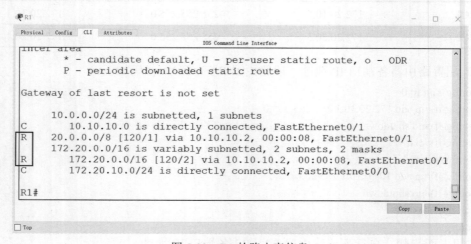

图 5-22　R1 的路由表信息

2. 单区域 OSPF 路由协议配置

单区域 OSPF 路由协议配置时，整个网络结构中仅存在一个核心区域 Area0，所有端口均属于该核心区域。配置过程如下：

（1）添加三台 2911 路由器，分别修改标签名为 R1、R2、R3，添加两台计算机分别命名为 PC2、PC3，连线和接口配置信息如图 5-23 所示。

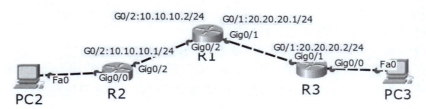

图 5-23　单区域 OSPF 路由协议配置拓扑图

（2）计算机 IP 地址设置见表 5-8 所示。

表 5-8　计算机 IP 地址设置

设备名称	IP 地址	子网掩码	网关
PC2	192.168.20.5	255.255.255.0	192.168.20.1
PC3	192.168.30.5	255.255.255.0	192.168.30.1

（3）配置路由器各端口 IP 地址（以路由器 R2 为例），代码如下：

```
R2(config)#int g0/0
R2(config-if)#ip add 192.168.20.1 255.255.255.0
R2(config-if)#no shutdown
R2(config-if)#exit
R2(config)#int g0/2
R2(config-if)#ip add 10.10.10.1 255.255.255.0
R2(config-if)#no shutdown
R2(config-if)#exit
R2(config)#
```

请按照上面步骤，自行配置路由器 R3 各端口 IP 地址。

（4）配置单区域 OSPF 动态路由协议，代码如下：

```
R1:
R1(config)#router ospf 1                                    //开启 OSPF 路由协议
R1(config-router)#network 10.10.10.0 255.255.255.0 area0    //宣告直连网段，指定区域 0
R1(config-router)#network 20.20.20.0 255.255.255.0 area0
R1(config-router)#exit
R1(config)#
R2:
R2(config)#router ospf 1
R2(config-router)#network 192.168.20.0 255.255.255.0 area0
R2(config-router)#network 10.10.10.0 255.255.255.0 area0
```

```
R2(config-router)#exit
R2(config)#
R3：
R31(config)#router ospf 1
R3(config-router)#network 192.168.30.0 255.255.255.0 area0
R3(config-router)#network 20.20.20.0 255.255.255.0 area0
R3(config-router)#exit
R3(config)#
```

（5）查询路由器 R2 的路由表，代码如下：

```
R2#show ip route                    //查询路由器 R2 的路由表
```

路由表查询结果如图 5-24 所示，其中，以"O"开头的两个网段即为通过 OSPF 动态路由自动学习到的非直连网段。当每个路由器都能动态学习到自己的非直连网段时，则全网互通。

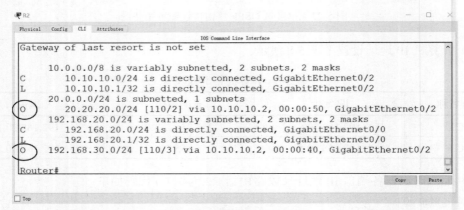

图 5-24　R2 的路由表信息

3. 多区域 OSPF 路由协议配置

多区域 OSPF 路由协议配置时，区域类型包括骨干区域和非骨干区域，骨干区域也叫区域零，是连接各个区域的核心区域。在 OSPF 路由协议进行区域划分时，必须有骨干区域（Area0），其他非骨干区域必须和 Area0 直接相连，或通过虚链路的方式进行连接。具体配置过程如下：

（1）添加三台 2911 路由器，分别修改标签名为 R1、R2、R3，添加两台计算机分别命名为 PC2、PC3，区域划分、连线和接口配置信息如图 5-25 所示。

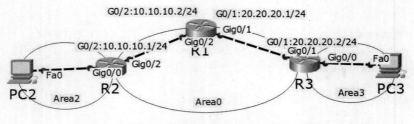

图 5-25　多区域 OSPF 路由协议配置拓扑图

（2）计算机 IP 地址设置见表 5-7。

（3）配置路由器各端口 IP 地址（参照单区域 OSPF 路由协议配置，此处不再赘述）。

（4）配置多区域 OSPF 动态路由协议，代码如下。

1）由于路由器 R1 的两个端口 g0/1 和 g0/2 均属于 Area0，因此 R1 配置代码如下：

```
R1(config)#router ospf 1                                //开启 OSPF 路由协议
R1(config-router)#network 10.10.10.0 255.255.255.0 area0    //宣告直连网段，指定区域 0
R1(config-router)#network 20.20.20.0 255.255.255.0 area0
R1(config-router)#exit
R1(config)#
```

2）由于路由器 R2 的 g0/0 端口属于 Area2，g0/2 端口属于 Area0，因此 R2 配置代码如下：

```
R2(config)#router ospf 1
R2(config-router)#network 192.168.20.0 255.255.255.0 area2
R2(config-router)#network 10.10.10.0 255.255.255.0 area0
R2(config-router)#exit
R2(config)#
```

3）由于路由器 R3 的 g0/0 端口属于 Area3，g0/1 端口属于 Area0，因此 R3 配置代码如下：

```
R3(config)#router ospf 1
R3(config-router)#network 192.168.30.0 255.255.255.0 area3
R3(config-router)#network 20.20.20.0 255.255.255.0 area0
R3(config-router)#exit
R3(config)#
```

（5）路由表查询结果，略。

（6）为 PC2 和 PC3 配置好 IP 地址和网关，测试是否能够正常通信。

【思考与练习】

本练习的拓扑图和 IP 配置信息如图 5-26 所示，分别运用三种动态路由配置方法实现全网互通。

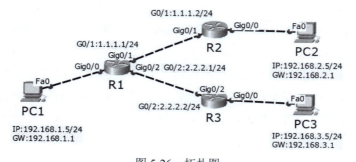

图 5-26　拓扑图

任务 5.6　路由重分布

【任务描述】

钥尚公司的网络结构中，路由协议配置的是 OSPF 路由协议，由于业务拓展，收购了一家

项目 5

公司作为北京分公司，该公司的原有网络结构中使用的是 RIP 路由协议，由于不同的路由协议不能相互学习到路由信息，对网络进行重新配置的工作量还非常大，此时，就需要路由重分布技术来使总公司和分公司正常更新路由信息，如果你是钥尚公司网络管理员，该如何解决这个难题呢？

【任务要求】

（1）掌握动态路由重分布的配置方法。
（2）理解路由重分布的原理。

【知识链接】

5.6.1　路由重分布技术

路由重分布（Route Redistribution）是一种技术，用于实现同一网络内多种路由协议之间的协同工作。它允许路由器之间共享路由信息，即将一种路由协议的路由通过其他方式（如另一种路由选择协议、静态路由或直连路由）广播出去，以实现网络互通。在进行路由重分布时，最常考虑的两个因素是度量值（Metric）和管理距离（Administrative Distance）。

1. 度量值（Metric）

度量值代表距离。它们用来在寻找路由时确定最优路由。每一种路由算法在产生路表时都会为每一条通过网络的路径产生一个数值（度量值），最小的值表示最优路径。度量值的计算可以只考虑路径的一个特性，但更复杂的度量值是综合了路径的多个特性产生的。

一些常用的度量值有跳数、Ticks、网络传输开销（cost）、带宽、时延、负载、可靠性、最大传输单元（MTU）等。

OSPF 路由协议的度量值为网络传输开销（cost），而 RIP 路由协议的度量值为跳数。

2. 管理距离（Administrative Distances）

管理距离是指一种路由协议的路由可信度。每一种路由协议按可靠性从高到低依次分配一个信任等级，这个信任等级就叫管理距离。对于两种不同的路由协议到一个目的地的路由信息，路由器首先根据管理距离决定相信哪一个协议。Cisco IOS 使用的默认管理距离见表 5-9。

表 5-9　Cisco IOS 默认管理距离

路由源	默认级别
直连路由	0
静态路由	1
OSPF	110
RIP	120

5.6.2　路由重分布技术要点

以 RIP 和 OSPF 路由协议重分布为例。

（1）将 RIP 路由重分发到 OSPF 进程中，并给定一个 OSPF 度量值代价为 100：

```
Router(config)#router ospf 1
Router(config-router)#redistribite rip metric 100 subnets
```

subnets 表示连其子网一起重分布。

（2）将 OSPF 路由重分发到 RIP 进程中，指定度量值跳数为 5：

```
Router(config)#router rip
Router(config-router)#redistribite ospf 1 metric 5
```

此时，metric 含义为跳数，其值不能超过 15。

【实现方法】

1．RIP 与 OSPF 路由协议的重分布

（1）路由重分布训练拓扑图如图 5-27 所示。

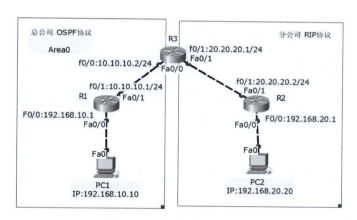

图 5-27　路由重分布拓扑图

（2）两台计算机 IP 地址配置见表 5-10。

表 5-10　PC 机配置信息

PC 机	IP 地址	子网掩码	网关
PC1	192.168.10.10	255.255.255.0	192.168.10.1
PC2	192.168.20.20	255.255.255.0	192.168.20.1

（3）在路由器 R1 上配置各端口 IP 地址。

```
Router(config)#
Router(config)#hostname R1
R1(config)#int f0/0
R1(config-if)#ip add 192.168.10.1 255.255.255.0
R1(config-if)#no shutdown
```

```
R1(config-if)#exit
R1(config)#
R1(config)#int f0/1
R1(config-if)#ip add 10.10.10.1 255.255.255.0
R1(config-if)#no shutdown
R1(config-if)#exit
R1(config)#
```

（4）在路由器 R2 上配置各端口 IP 地址。

```
Router(config)#
Router(config)#hostname R2
R2(config)#int f0/0
R2(config-if)#ip add 192.168.20.1 255.255.255.0
R2(config-if)#no shutdown
R2(config-if)#exit
R2(config)#int f0/1
R2(config-if)#ip add 20.20.20.2 255.255.255.0
R2(config-if)#no shutdown
R2(config-if)#exit
R2(config)#
```

（5）在路由器 R3 上配置各端口 IP 地址。

```
Router(config)#
Router(config)#hostname R3
R3(config)#int f0/0
R3(config-if)#ip add 10.10.10.2 255.255.255.0
R3(config-if)#no shutdown
R3(config-if)#exit
R3(config)#int f0/1
R3(config-if)#ip add 20.20.20.1 255.255.255.0
R3(config-if)#no shutdown
R3(config-if)#exit
R3(config)#
```

（6）在路由器 R1 上配置 OSPF 路由协议。

```
R1(config)#router ospf 1                          //开启 OSPF 路由协议，进程为 1
R1(config-router)#network 192.168.10.0 255.255.255.0 area 0          //宣告直连网段，指定区域 0
R1(config-router)#network 10.10.10.0 255.255.255.0 area 0
R1(config-router)#exit
R1(config)#
```

（7）在路由器 R2 上配置 RIP 路由协议。

```
R2(config)#router rip
R2(config-router)#version 2
R2(config-router)#network 192.168.20.0
R2(config-router)#network 20.20.20.0
R2(config-router)#no auto-summary
R2(config-router)#exit
R2(config)#
```

（8）在路由器 R3 上分别配置 OSPF 和 RIP 路由协议。R3 路由器比较特殊，其 F0/0 口需配置 OSPF 协议，F0/1 口需配置 RIP 协议，命令如下。

```
R3(config)#router ospf 1
R3(config-router)#network 10.10.10.0 255.255.255.0 area0
R3(config-router)#exit
R3(config)#
R3(config)#router rip
R3(config-router)#version 2
R3(config-router)#network 20.20.20.0
R3(config-router)#no auto-summary
R3(config-router)#exit
R3(config)#
```

（9）在路由器 R3 上配置路由重分布。

```
R3(config)#router ospf 1                              //开启 OSPF 协议
R3(config-router)#redistribute rip metric 100 subnets //在 OSPF 中引入 RIP 协议，并给定度量值为 100，
                                                     //同时宣告子网
R3(config-router)#exit
R3(config)#
R3(config)#router rip                                 //开启 RIP 协议
R3(config-router)#redistribute ospf 1 metric 6        //在 RIP 中引入 OSPF 协议，给定跳数为 6
R3(config-router)#exit
R3(config)#
```

（10）分别查看路由器 R1、R2、R3 的路由表。

1）R1 的路由表如图 5-28 所示（"O　E2"代表在 OSPF 协议中，通过路由重分布学习到的自治区域外部的路由条目）。

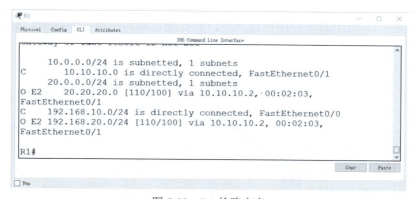

图 5-28　R1 的路由表

2）R2 的路由表如图 5-29 所示（"R"代表通过路由重分布学习到的非直连路由条目）。

3）R3 的路由表如图 5-30 所示（"O"为通过左侧 OSPF 路由协议学习到的路由条目，"R"为通过右侧 RIP 路由协议学习到的路由条目）。

（11）为 PC1 和 PC2 配置正确的 IP 地址和网关信息后，测试能否正常通信。

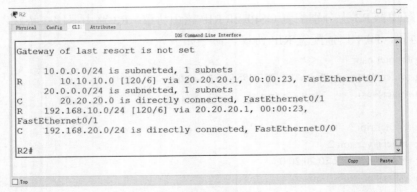

图 5-29　R2 的路由表

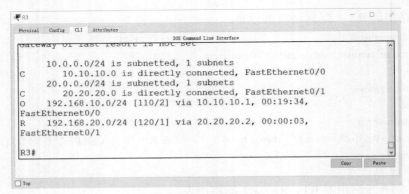

图 5-30　R3 的路由表

【思考与练习】

请根据如图 5-31 所示的拓扑图搭建网络，并正确运用路由重分布技术，实现两个区域的 PC 机相互通信。

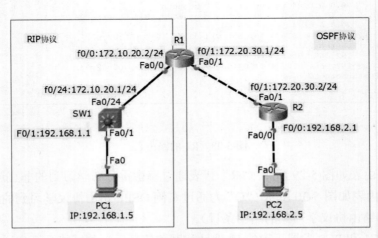

图 5-31　路由重分布训练拓扑图

项目 6 广域网安全配置

 **项目导读**

随着互联网的飞速发展，仅限于单位内部网络的信息共享已经不能满足企业要求，更需要和外部企业、跨国企业的信息共享，享受全方位的信息服务，这需要将构建的局域网接入互联网中。你作为公司的网络管理员，在公司需要通过广域网进行数据传输时，需要了解公司网络设备的广域网端口所支持的协议，以及怎样确保数据传输的通畅性和安全性。

 **教学目标**

（1）掌握 PPP 协议的封装和验证过程。
（2）掌握访问控制列表（ACL）的应用方法。
（3）掌握网络地址转换（NAT）技术的基本原理。

任务 6.1 广域网协议

【任务描述】

广域网是网络中十分重要的一种网络。在日常生活中，广域网发挥着重要的作用。路由器常用的广域网协议有 HDLC、PPP 等。其中两台路由器在进行广域网封装时，默认采用 HDLC 协议进行封装，而 PPP 协议是面向字符的点对点协议，安全性更高。

【任务要求】

（1）了解 HDLC 和 PPP 协议的封装。
（2）掌握 PPP 协议 PAP 验证的配置方法。
（3）掌握 PPP 协议 CHAP 验证的配置方法。

【知识链接】

6.1.1 广域网基本知识

广域网通常是指地理范围较大，跨越城市之间，甚至不同省份、国家，一般由通信运营商建立和经营的网络。随着计算机网络应用的推广，广域网通信的需求也日益增长，掌握常见的广域网知识就变得十分重要了。

6.1.2 广域网的用途

1. 面向连接的网络业务

面向连接的网络业务要求在传送数据之前在源点和目的点之间建立连接。通常连接是通过网络的中间节点作为链路的通路而建立的。一旦建立了连接，所有数据都经由网络中相同的通路行进。数据必须以和源点发送顺序相同的顺序到达目的地。

2. 无连接的网络业务

在无连接业务中，不要求对数据传输先建立端到端的连接。因而不存在预先确定的数据通过网络必须走的通路。这样在某些无连接业务中，数据可能以从源点发送不同的次序到达目的地。

3. 多路复用

在多路复用中，多路数据信道在源设备上被合并到单一数据信道或物理信道中，OSI 的每一层都使用了多路复用。多路复用通常分为频分多路复用、时分多路复用、波分多路复用、码分多址和空分多址。

4. 电路交换

电路交换方式是指网络通过载波为每个通信会话建立、维护和终止一条专用物理电路。电路交换可分为数据包传输和信息流传输两种类型，其中数据包传输由独立编址的帧组成，而信息流传输则由只检测一次地址的信息流组成。

5. 分组交换

分组交换支持网络设备通过载波共享一个点到点连接，将数据包从源节点传送到目的节点。网络可以通过数据报（面向非连接）和虚电路（面向连接）的方法来管理这些分组。值得注意的是虚电路在传送之前建立站与站之间的一条路径。这样做并不是说它像电路交换那样有一条通路，分组在每个节点上仍然需要为每个分组分配缓冲，并在线路上进行输出排队。它与数据报方法之间的差别在于，各节点不需要为每个分组作路径选择判定。

6.1.3 广域网协议

1. HDLC 协议

HDLC 即高级数据链路控制，是一组用于在网络节点间传送数据的协议，是在数据链路层中使用最广泛的协议之一。它用以实现远程用户间资源共享以及信息交互。HDLC 协议的功能一是用以保证传送到下一层的数据在传输过程中能够准确地被接收；二是进行流量控制，即一旦接收端收到数据，便能立即进行传输。

2. PPP

PPP 即点到点协议，是目前广域网应用最多的协议之一，主要用于在全双工的链路上进行点到点的数据传输封装。它的目的主要是通过拨号或专线方式建立点对点连接发送数据，解决主机和路由器之间的连接问题。PPP 协议提供两种可选的身份认证方法：口令验证协议（PAP）

和挑战握手协议（CHAP）。

【实现方法】

由于 HDLC 协议是 Cisco 路由器默认已经封装的协议，无须进行其他特殊配置，故本任务仅介绍 PPP 协议的封装和验证配置。

1. PPP 协议的 PAP 认证

按照如图 6-1 所示拓扑图，其中 R1 为远程路由器（被认证方），R2 为中心路由器（认证方），完成 PAP 认证配置。

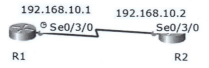

图 6-1   PAP 认证拓扑图

（1）配置 R1、R2 端口 IP 地址。

R1:

```
R1(config)#interface s0/3/0
R1(config-if)#ip address 192.168.10.1 255.255.255.0
R1(config-if)#clock rate 64000
R1(config-if)#no shutdown
```

R2:

```
R2(config)#interface s0/3/0
R2(config-if)#ip address 192.168.10.2 255.255.255.0
R2(config-if)#no shutdown
```

（2）R1 采用 PPP 封装，设置登录的用户名和密码，在路由器 R2 取得认证。

```
R1(config)#int s0/3/0
R1(config-if)#encapsulation ppp
R1(config-if)#ppp pap sent-username R1 password 12345
```

（3）在 R2 上进行 PPP 封装。

```
R2(config)#int s0/3/0
R2(config-if)#encapsulation ppp
```

（4）在 R2 上配置 PAP 验证。

```
R2(config-if)#ppp authentication pap
```

（5）在 R2 上为 R1 设置用户名和密码。

```
R2(config)#username R1 password 123456
```

（6）在 R1 上查询 PPP 认证。

```
R1#debug ppp authentication
```

2. PPP 协议的 CHAP 认证

按照如图 6-2 所示拓扑图，进行 CHAP 认证配置。

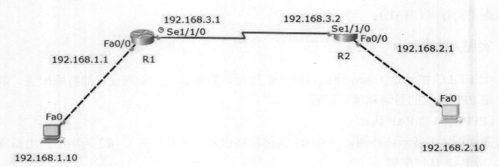

图 6-2　CHAP 认证拓扑图

（1）R1、R2 进行端口配置。

R1：

```
R1(config)#interface f0/0
R1(config-if)#ip address 192.168.1.1 255.255.255.0
R1(config-if)#no shutdown
R1(config-if)#exit
R1(config)#interface s1/1/0
R1(config-if)#ip address 192.168.3.1 255.255.255.0
R1(config-if)#clock rate 64000
R1(config-if)#no shutdown
```

R2：

```
R2(config)#interface f0/0
R2(config-if)#ip address 192.168.2.1 255.255.255.0
R2(config-if)#no shutdown
R2(config-if)#exit
R2(config)#interface s1/1/0
R2(config-if)#ip address 192.168.3.2 255.255.255.0
R2(config-if)#no shutdown
```

（2）在 R1、R2 上开启 CHAP 认证，添加用户名和密码。

```
R1(config)#int s1/1/0
R1(config-if)#encapsulation ppp
R1(config-if)#ppp authentication chap
R1(config)#username R2 password 12345
R2(config)#int s1/1/0
R2(config-if)#encapsulation ppp
R2(config-if)#ppp authentication chap
R2(config)#username R1 password 12345
```

（3）设置默认路由。

```
R1(config-if)#ip route 0.0.0.0 0.0.0.0 192.168.3.2
R2(config-if)#ip route 0.0.0.0 0.0.0.0 192.168.3.1
```

（4）配置主机 IP 地址和网关。

（5）查看认证过程。

R1#debug ppp authentication

（6）验证主机连通性。

【思考与练习】

配置 PAP 和 CHAP 的双向认证。

任务 6.2　访问控制列表（ACL）

【任务描述】

访问控制列表（ACL）是网络安全防范的主要手段，使用访问控制列表目的是保证网络资源不被非法使用和访问。我们可以通过 ACL 实现对数据包的丢弃和转发进行选择。刘芳作为网络管理员，想利用 ACL 实现控制网络接入。

【任务要求】

（1）掌握标准 ACL 的配置。
（2）掌握扩展 ACL 的配置。

【知识链接】

6.2.1　访问控制列表（ACL）简介

1. ACL 概念
访问控制列表是在交换机或路由器上定义一些规则，对经过网络设备的数据包进行过滤。
2. ACL 的作用
（1）限制网络流量、提高网络性能。
（2）提供对通信流量的控制手段。
（3）提供网络访问的基本安全手段。
（4）在路由器（交换机）接口处，决定哪种类型的通信流量被转发、哪种被阻塞。

6.2.2　标准 ACL 介绍

1. 标准 ACL 概念
在交换机或路由器上建立标准访问控制列表，编号取值范围为 1~99，只根据源 IP 地址过滤流量。
2. ACL 操作过程
（1）入站访问控制操作过程。相对网络接口来说，从网络上流入该接口的数据包，为入站数据流，所以对入站数据流的过滤控制称为入站访问控制。如果一个入站数据包被访问控制列表禁止（deny），那么该数据包被直接丢弃。只有那些被 ACL 允许（permit）的入站数据包才进行路由查找与转发处理。

（2）出站访问控制操作过程。从网络接口流出的网络数据包，称为出站数据流，所以对出站数据流的过滤控制称为出站访问控制。对于被允许的入站数据流需要进行路由转发处理，在转发之前，交由出站访问控制进行过滤控制操作。

3．ACL 执行过程

ACL 执行过程需要按照列表中的条件语句执行顺序来判断。如果一个数据包跟表中某个条件判断语句相匹配，那么后面的语句就将被忽略，不再进行检查。数据包只有在第一个判断条件不匹配时，它才被交给 ACL 中的下一个条件判断语句进行比较。如果匹配允许发送，则不管是第一条还是最后一条语句，数据都会立即发送到目的接口。如果所有的 ACL 判断语句都检测完毕，仍没有匹配的语句出口，则该数据包将视为被拒绝而被丢弃。

4．标准 ACL 配置

（1）创建 ACL 列表。

Router(config) #access-list access-list-number [permit/deny] source source-wildcard

permit：允许数据包通过。

deny：拒绝数据包通过。

access-list-unmber：访问控制列表表号，标准 ACL 表号范围是 1～99。

source：数据包的源地址。

source-wildcard：通配符掩码，也叫作反码。计算方法为用四个 255 减去目标的子网掩码，在用二进制数 0 和 1 表示时，如果为 1 表明这一位不需要匹配，如果为 0 表明这一位需要严格匹配。

（2）将 ACL 应用于接口。

Router(config-if) #ip access-group access-list-number [in/out]

（3）在接口上取消 ACL。

Router(config) #no ip access-group access-list-number [in/out]

（4）删除已建立的标准 ACL。

Router(config) #no access-list access-list-unmber

标准 ACL 不能删除单条 ACL 语句，只能删除整个 ACL。所以说如果要改变 ACL 列表里一条或几条语句时，必须先删除整个 ACL，然后再新建一个 ACL。

6.2.3　扩展 ACL 介绍

扩展 ACL 和标准 ACL 类似，都是在路由器上创建，编号范围为 100～199。扩展 ACL 可以基于发送数据包的源 IP 地址、目的 IP 地址、协议以及端口号等信息从访问列表中进行检查控制语句。

（1）创建 ACL。

Router(config)#access-list access-list-number [permit/deny] protocol [source source-wildcard] [destination destination-wildcard] [operator operan]

Access-list-number：访问控制列表表号，对于扩展 ACL 来说，是 100～199 的一个数字。

Permit /deny：如果满足条件，则允许或拒绝该通信流量。

Protocol：用来指定协议类型，如：IP/TCP/UDP/ICNP 等。

Source：源地址。

destination：目的地址。

Source-wildcard：源反码，与源地址相对应。

destination-wildcard：目的反码，与目的地址相对应。

operator operan：lt（小于）、gt（大于）、eq（等于）、neq(不等于）和一个端口号。

（2）将 ACL 应用于接口。

Router(config-if) #ip access-group access-list-number [in/out]

【实现方法】

1. 标准 ACL 的配置

按照如图 6-3 所示拓扑图，通过添加标准 ACL 实现 PC0 无法访问 PC2，PC1 可以访问 PC2。

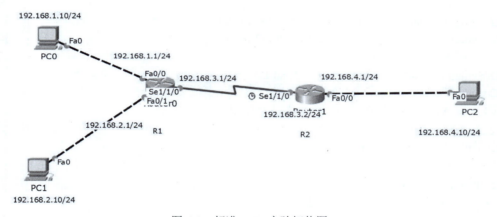

图 6-3　标准 ACL 实验拓扑图

（1）配置路由器 R1、R2 端口 IP 地址。

R1：

```
R1>enable
R1#configure terminal
R1(config)#interface f0/0
R1(config-if)#no shutdown
R1(config-if)#ip address 192.168.1.1 255.255.255.0
R1(config-if)#exit
R1(config)#interface f0/1
R1(config-if)#no shutdown
R1(config-if)#ip address 192.168.2.1 255.255.255.0
R1(config-if)#exit
R1(config)#interface s1/1/0
R1(config-if)#no shutdown
R1(config-if)#ip address 192.168.3.1 255.255.255.0
```

R1(config-if)#exit

R2：

```
R2>enable
R2#configure terminal
R2(config)#interface s1/1/0
R2(config-if)#no shutdown
R2(config-if)#ip address 192.168.3.2 255.255.255.0
R2(config-if)#clock rate 64000
R2(config-if)#exit
R2(config)#interface f0/0
R2(config-if)#no shutdown
R2(config-if)#ip address 192.168.4.1 255.255.255.0
R2(config-if)#exit
```

（2）在 R1、R2 上添加静态路由。

R1：

```
R1(config)#ip route 192.168.4.0 255.255.255.0 192.168.3.2
```

R2：

```
R2(config)#ip route 192.168.1.0 255.255.255.0 192.168.3.1
R2(config)#ip route 192.168.2.0 255.255.255.0 192.168.3.1
```

（3）在 R2 上建立 ACL 列表。

```
R2(config)#access-list 1 deny 192.168.1.0 0.0.0.255
R2(config)#access-list 1 permit 192.168.2.0 0.0.0.255
```

（4）将 ACL 添加在 R2 路由器的端口上使用。

```
R2(config)#int f0/0
R2(config-if)#ip access-group 1 out
```

（5）查看 ACL 列表。

```
R2#show access-lists
```

（6）在 PC 机上使用 ping 命令验证。

2. 扩展 ACL 的配置

按照如图 6-4 所示拓扑图，通过添加扩展 ACL 实现 PC0 可以通过 www 访问 PC2，PC1 可以 ping 通 PC2。

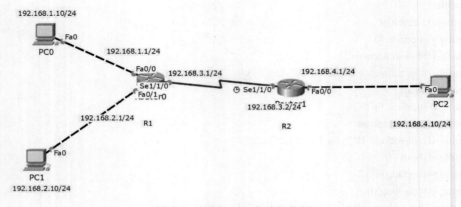

图 6-4　扩展 ACL 实验拓扑图

（1）配置路由器端口 IP 地址。

（2）在路由器添加静态路由（步骤 1、2 的配置命令与标准 ACL 一致）。

（3）在 R2 上建立扩展 ACL 列表。

```
R2(config)#access-list 100 deny tcp 192.168.1.0 0.0.0.255 192.168.4.0 0.0.0.255 eq www
R2(config)#access-list 100 permit tcp 192.168.2.0 0.0.0.255 192.168.4.0 0.0.0.255 eq www
R2(config)#access-list 100 per ip 192.168.1.0 0.0.0.255 192.168.4.0 0.0.0.255
R2(config)#access-list 100 deny ip 192.168.2.0 0.0.0.255 192.168.4.0 0.0.0.255
```

（4）将 ACL 添加至 R2 路由器端口。

```
R2(config)#int f0/0
R2(config-if)#ip access-group 100 out
```

（5）查看 ACL 列表。

```
R2#show access-lists
```

（6）分别在 PC1 和 PC2 使用 ping 命令和 WWW 访问 PC2 验证。

【思考与练习】

更改扩展 ACL 的允许/禁止的网段和服务进行实验。

任务6.3 网络地址转换（NAT）

【任务描述】

随着网络的高速发展，IP 地址使用已经逐渐饱和。为了解决这个问题引入 NAT 技术，通过 IP 地址转换可以使用私有 IP 地址提供互联网访问。刘芳同学想要通过 NAT 技术实现机房主机 IP 地址转换。

【任务要求】

（1）了解 NAT 的概念。

（2）掌握静态 NAT 配置。

（3）掌握动态 NAT 配置。

【知识链接】

6.3.1 NAT 简介

1. NAT 概念

NAT 是将 IP 数据包中的 IP 地址转化为另一个 IP 地址的工程。在实际应用中，NAT 主要用于实现私有网络访问公共网络的功能。这种通过使用少量公有 IP 地址代表较多的私有 IP 地址的方式，有助于缓解 IP 地址紧张的问题。

2. NAT 功能

NAT 不仅能解决 IP 地址不足的问题，而且还能够有效地避免来自网络外部的攻击，隐藏并保护网络内部的计算机。

（1）宽带分享：这是 NAT 主机的最大功能。

（2）安全防护：NAT 之内的 PC 联机到 Internet 上面时，所显示的 IP 是 NAT 主机的公共 IP，所以 Client 端的 PC 在一定程度上是安全的，外界在进行端口扫描时，侦测不到源 Client 端的 PC。

6.3.2 静态 NAT 介绍

1. 静态 NAT 概念

静态 NAT 转换是将内部网络的私有 IP 地址转换为公有 IP 地址，IP 地址对是一对一的，是一成不变的，某个私有 IP 地址只能转换为某个公有 IP 地址。依据静态 NAT，能够实现外部网络对内部网络中某些特定设备的访问。

2. 静态 NAT 配置

（1）定义该接口连接内部网络。

```
Router(config)#interface interface-type interface-number      //进入接口配置模式
Router(config-if)#ip nat inside
```

（2）定义该接口连接外部网络。

```
Router(config)#interface interface-type interface-number      //进入接口配置模式
Router(config-if)#ip nat outside
```

（3）显示活动的地址转换。

```
Router#show ip nat translations
```

6.3.3 动态 NAT 介绍

1. 动态 NAT 概念

动态 NAT 将内部本地地址与内部合法地址一对一进行转换，与静态地址转换不同的是它是从内部合法地址池动态选择一个未使用的地址来对内部本地地址进行转换的。动态 NAT 使用公有地址池，并以先到先得的原则分配这些地址。当具有私有 IP 地址的主机请求访问 Internet 时，动态 NAT 从地址池中选择一个未被其他主机占用的 IP 地址。

2. 动态 NAT 配置

（1）建立 IP 地址池。

```
Router(config)#ip nat pool P1 192.168.1.1 192.168.1.10 netmask 255.255.255.0
```

其中 P1 为地址池名。

（2）定义被转换的范围。

```
Router(config)#access-list 1 permit 192.168.10.0 0.0.0.255
```

（3）建立地址池与被转换地址关系。

```
Router(config)#ip nat inside source list 1 pool P1
```

【实现方法】

1. 静态 NAT 实现外网主机访问内网服务器

按照如图 6-5 所示拓扑图，通过配置静态 NAT 实现外网主机能够访问内网服务器。

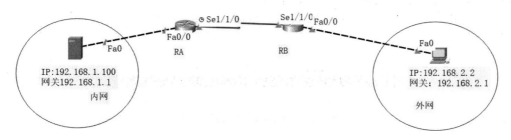

图 6-5　静态 NAT 实验拓扑图

（1）路由器进行基本配置。

RA：

```
RA>en
RA#conf
RA(config)#interface f0/0
RA(config-if)#ip address 192.168.1.1 255.255.255.0
RA(config-if)#no shutdown
RA(config-if)#exit
RA(config)#interface s1/1/0
RA(config-if)#ip address 200.1.1.1 255.255.255.252
RA(config-if)#no shutdown
RA(config-if)#exit
```

RB：

```
RB>enable
RB#configure terminal
RB(config)#interface f0/0
RB(config-if)#ip address 192.168.2.1 255.255.255.0
RB(config-if)#no shutdown
RB(config-if)#exit
RB(config)#interface s1/1/0
RB(config-if)#ip address 200.1.1.2 255.255.255.252
RB(config-if)#no shutdown
```

（2）设置默认路由。

```
RA(config)#ip route 0.0.0.0 0.0.0.0 200.1.1.2
```

（3）查看路由表。

```
RA#show ip route
```

（4）路由器 RA 设置 NAT。

```
RA(config)#int f0/0
RA(config-if)#ip nat inside
RA(config-if)#int s1/1/0
RA(config-if)#ip nat outside
RA(config-if)#exit
RA(config)#ip nat inside source static 192.168.1.100 200.1.1.1
```

（5）PC 机添加 IP 地址，并在 PC 机验证测试，如图 6-6 所示。

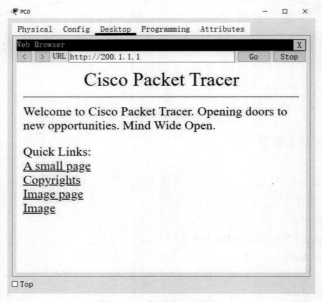

图 6-6　验证 www 访问

2. 动态 NAT 实现局域网访问因特网

按照如图 6-7 所示拓扑图，通过在路由器配置动态 NAT 实现内网访问外网。

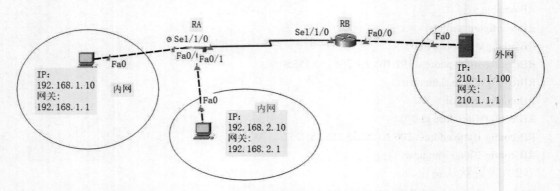

图 6-7　动态 NAT 配置拓扑图

（1）路由器基本配置。

RA：

```
RA>enable
RA#configure terminal
RA(config)#interface f0/0
RA(config-if)#ip address 192.168.1.1 255.255.255.0
RA(config-if)#no shutdown
RA(config-if)#exit
RA(config)#interface f0/1
RA(config-if)#ip address 192.168.2.1 255.255.255.0
RA(config-if)#no shutdown
RA(config-if)#exit
RA(config)#interface s1/1/0
RA(config-if)#ip address 200.1.1.1 255.255.255.252
RA(config-if)#no shutdown
RA(config-if)#exit
```

RB：

```
RB>enable
RB#configure terminal
RB(config)#interface f0/0
RB(config-if)#ip address 210.1.1.1 255.255.255.0
RB(config-if)#no shutdown
RB(config-if)#exit
RB(config)#interface s1/1/0
RB(config-if)#ip address 200.1.1.2 255.255.255.252
RB(config-if)#no shutdown
RB(config-if)#exit
```

（2）在路由器 RA 上添加默认路由。

```
RA(config)#ip route 0.0.0.0 0.0.0.0 200.1.1.2
```

（3）定义内、外部端口。

```
//定义 F0/0 和 F0/1 为内部端口
RA(config)#int f0/0
RA(config-if)#ip nat inside
RA(config-if)#exit
RA(config)#int f0/1
RA(config-if)#ip nat inside
RA(config-if)#exit
//定义 s1/1/0 为外部端口
RA(config)#int s1/1/0
RA(config-if)#ip nat outside
RA(config-if)#exit
```

（4）定义全局地址池。

```
//地址池命名为 internet
```

RA(config)#ip nat pool internet 200.1.1.1 200.1.1.1 netmask 255.255.255.252

（5）定义地址允许转换。

//网段 192.168.1.0 和 192.168.2.0 可以转换地址

RA(config)#access-list 1 permit 192.168.1.0 0.0.0.255

RA(config)#access-list 1 permit 192.168.2.0 0.0.0.255

（6）建立映射关系。

RA(config)#ip nat inside source list 1 pool internet overload

（7）设置 PC 机 IP 地址，验证测试，如图 6-8 所示。

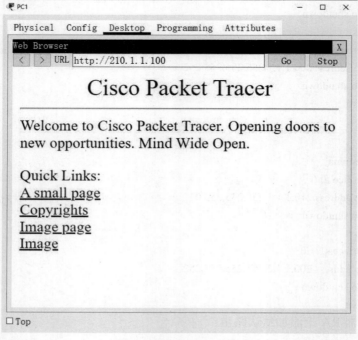

图 6-8 验证 www 访问

（8）查看 NAT 映射关系，如图 6-9 所示。

Router#sh ip nat translations

```
Router#sh ip nat translations
Pro  Inside global     Inside local      Outside local
Outside global
tcp 200.1.1.1:1025     192.168.2.10:1025 210.1.1.100:80
210.1.1.100:80

Router#sh ip nat translations
Pro  Inside global     Inside local      Outside local
Outside global
tcp 200.1.1.1:1024     192.168.1.10:1025 210.1.1.100:80
210.1.1.100:80
tcp 200.1.1.1:1025     192.168.2.10:1025 210.1.1.100:80
210.1.1.100:80
```

图 6-9 NAT 映射关系

【**思考与练习**】

按照如图 6-10 所示拓扑图，通过设置 NAT 实现网络的互通。

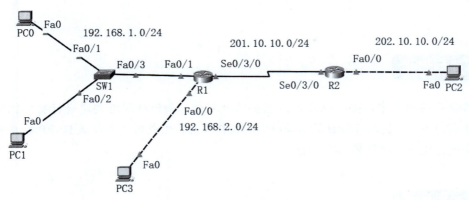

图 6-10　NAT 实验拓扑图

项目 7　网络构建的安全优化

项目导读

　　网络设备的配置中，安全性是最为重要的一部分，如何对网络构建进行安全优化是我们必须要考虑的内容。借助 Telnet 远程登录、DHCP 服务、生成树技术以及 HSRP 技术可以对现有的网络进行优化，增强网络安全性。

教学目标

　　（1）了解重置特权密码的方法。
　　（2）掌握 Telnet 远程登录配置方法。
　　（3）掌握 DHCP 配置方法。
　　（4）掌握生成树配置方法。
　　（5）掌握 HSRP 配置方法。

任务 7.1　重置特权密码

【任务描述】

　　当管理网络设备时，网络设备的特权（enable）密码忘记或者丢失，此时则无法进入特权模式，同时也无法对路由器或交换机进行任何设置。如果你是网络管理员，该如何解决这个问题。

【任务要求】

　　（1）了解交换机和路由器设置特权密码的方法。
　　（2）掌握重置交换机和路由器特权密码的步骤。

【知识链接】

1. 设置路由器特权密码

Switch(config)#enable password 12345　　　//设置特权密码为"12345"

2. 路由器的 rommon 模式和 config 模式

rommon 是 Cisco 设备的一种启动模式，可以在设备启动时进入。它提供了一些基本的命令来诊断和修复设备的问题。而 config 是指设备的配置文件，包含设备的各种设置和参数。在 rommon 模式下，可以使用一些命令来查看和修改设备的配置，例如 tftpdnld 和 confreg 命令。

在 rommon 模式下，用户可以执行一些基本操作，如通过 TFTP 下载固件、格式化文件系统、恢复设备默认设置等。rommon 模式通常用于修复引导故障、加载新的操作系统映像或进行设备恢复操作。当设备进入 config 模式时，用户可以在 CLI（Command-Line Interface）中使用各种命令，编写和修改配置文件。配置文件通常存储在设备的非易失性存储器中，以便在设备重新启动后不丢失配置。

总结起来，rommon 模式是设备的引导程序，用于诊断和恢复操作，而 config 是设备的配置文件，用于设备的功能和参数设置。

3. 路由器的 startup-config 文件和 running-config 文件

startup-config 是开机时运行的配置文件，在 NVRAM 中，断电后能保存；running-config 是即时配置过的运行文件，在 DRAM 中，断电后全部丢失。开机后如果没有再改动配置，那么 running-config 即为 startup-config 的完整拷贝，两者一模一样；若改动过配置，则两者不一样。网络设备工作时按照 running-config 运行；而 startup-config 起到保存文件的作用，以便下次开机时被读取。

【实现方法】

（1）添加一台 2621XM 路由器，设置特权密码。

Router(config)#enable password 123	//设置进入特权模式的密码为"123"

（2）重置特权密码。通常情况下，重置特权密码都是由于忘记了之前设置的路由器特权密码而导致无法进入路由器的特权模式，而普通用户模式下又无权重启路由器。

此时，需要关闭路由器电源，在路由器重启的 60 秒内，按住计算机的 Ctrl+C 或 Ctrl+Pause 组合键，即可进入路由器的 rommon 模式，在 rommon 模式下进行以下操作：

1）修改寄存器值为"0x2142"并重启。

rommon 1 > confreg 0x2142	//修改寄存器值为 0x2142，使路由器重启时不加载 starting-config 文件， //而直接进入默认配置模式
rommon 2 >	
rommon 2 > reset	//重启路由器

2）恢复寄存器初值。

Router#copy startup-config running-config	//将配置文件从 NVRAM 拷贝到 DRAM 中，在此基础上 //修改密码
Router(config)#enable password 456	//重置密码为"456"
Router(config)#config-register 0x2102	//修改寄存器值为正常值"0x2102"
Router(config)#exit	

（3）此时，就可以用新设置的密码进入特权模式啦。

【思考与练习】

对交换机进行特权密码的设置，并且尝试重置特权密码。

任务 7.2　Telnet 远程登录

【任务描述】

Telnet 协议是 TCP/IP 协议族中的一员，是 Internet 远程登录服务的标准协议和主要方式。它为用户提供了在本地计算机上完成远程主机工作的能力。在终端使用者的电脑上使用 telnet 程序，用它连接到服务器。

刘芳同学想要通过学习 Telnet 协议，实现远程登录的操作。

【任务要求】

（1）了解远程登录概念。

（2）掌握 Telnet 配置方法。

【知识链接】

7.2.1　Telnet 远程登录技术

Telnet 为用户提供了在本地计算机上完成远程主机工作的能力。在终端使用者的电脑上使用 Telnet 程序，用它连接到服务器。终端使用者可以在 Telnet 程序中输入命令，这些命令会在服务器上运行，就像直接在服务器的控制台上输入一样，可以在本地就能控制服务器。对于 Telnet 的认识，可以把 Telnet 当成一种通信协议，但是对于入侵者而言，Telnet 只是一种远程登录的工具。一旦入侵者与远程主机建立了 Telnet 连接，入侵者便可以使用目标主机上的软、硬件资源，而入侵者的本地机只相当于一个只有键盘和显示器的终端而已。

7.2.2　Telnet 的配置方法

（1）设置远程登录密码。

```
Router(config)#line vty 0 4
Router(config-line)#password 123
Router(config-line)#login
```

（2）清除远程登录密码。

```
Router(config-line)#no password
```

【实现方法】

按照如图 7-1 所示拓扑图，进行实验配置 Telnet。

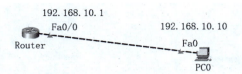

192.168.10.1
Fa0/0   192.168.10.10
Router   Fa0
                                                     PC0

图 7-1　Telnet 协议实验拓扑图

（1）设置路由器远程登录密码。

```
Router>en
Router#conf
Router(config)#enable password 12
Router(config)#line vty 0 4
Router(config-line)#password 123
Router(config-line)#login
Router(config-line)#exit
```

（2）设置路由器端口 IP 地址。

```
Router(config)#int f0/0
Router(config-if)#ip address 192.168.10.1 255.255.255.0
Router(config-if)#no shutdown
Router(config-if)#exit
```

（3）设置主机 IP 地址和网关，如图 7-2 所示。

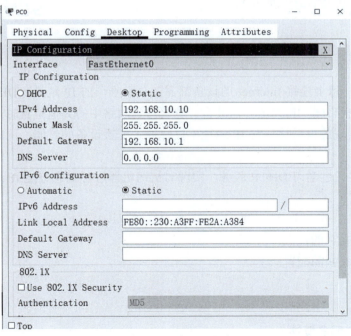

图 7-2　主机 IP 设置

（4）验证远程登录，如图 7-3 所示。

图 7-3   远程登录成功

【思考与练习】

按照如图 7-4 所示拓扑图，通过配置路由器与主机，实现主机对路由器的远程登录功能。

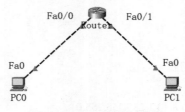

图 7-4   Telnet 配置拓扑图

任务 7.3   DHCP 服务

【任务描述】

在 IP 网络中，每个连接 Internet 的设备都需要分配唯一的 IP 地址。DHCP 使网络管理员能从中心节点监控和分配 IP 地址。当某台计算机移到网络中的其他位置时，能自动收到新的 IP 地址。DHCP 实现的自动化分配 IP 地址不仅降低了配置设备的时间，同时也降低了发生配置错误的可能性。

刘芳同学想要通过学习 DHCP 服务，实现对机房机器进行动态分配 IP 地址。

【任务要求】

（1）了解 DHCP 的优点。

（2）掌握 DHCP 的配置。

【知识链接】

7.3.1   DHCP 服务概述

1. DHCP

DHCP，即动态主机配置协议，它是 TCP/IP 协议簇中的一种，主要作用是给网络中其他计算机动态分配 IP 地址。

2. DHCP 的优点

DHCP 使服务器能够动态地为网络中的其他服务器提供 IP 地址，通过使用 DHCP，就可以不用给 Internet 网中除服务器外的任何客户机设置和维护静态 IP 地址。使用 DHCP 可以大大简化配置客户机的 TCP/IP 工作。

7.3.2 DHCP 服务的配置方法

（1）建立 DHCP 地址池并命名。

```
SW1(config)#ip dhcp pool test
```
（2）设置分配的网络地址。
```
SW1(dhcp-config)#network 192.168.10.0 255.255.255.0
```
（3）设置默认网关。
```
SW1(dhcp-config)#default-router 192.168.10.1
```
（4）设置 DNS 地址。
```
SW1(dhcp-config)#dns-server 202.103.222.68
```
（5）停止 DHCP 服务。
```
SW1(config)#no service dhcp
```
（6）查看地址分配。
```
SW1#show ip dhcp binding
```

【实现方法】

按照如图 7-5 所示拓扑图，添加一个三层交换机，在三层交换机添加 DHCP 分别向 PC0、PC1 分配 IP 地址、网关和 DNS。

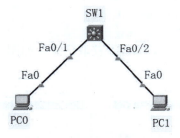

图 7-5　DHCP 配置拓扑图

（1）交换机基础配置。建立两个 VLAN，将对应端口划分到相应 VLAN 下，设置 VLAN 的 IP 地址。

```
Switch>enable
Switch#configure terminal
Switch(config)#hostname SW1
SW1(config)#vlan 10
SW1(config-vlan)#name test
SW1(config-vlan)#exit
SW1(config)#vlan 20
```

```
SW1(config-vlan)#name business
SW1(config-vlan)#exit
SW1(config)#interface f0/1
SW1(config-if)#switchport access vlan 10
SW1(config-if)#exit
SW1(config)#interface f0/2
SW1(config-if)#switchport access vlan 20
SW1(config-if)#exit
SW1(config-if)#end
SW1(config)#int vlan 10
SW1(config-if)#ip address 192.168.10.1 255.255.255.0
SW1(config-if)#no shutdown
SW1(config-if)#exit
SW1(config)#int vlan 20
SW1(config-if)#ip address 192.168.20.1 255.255.255.0
SW1(config-if)#no shutdown
SW1(config-if)#exit
```

（2）在交换机上建立 DHCP 地址池。

```
//地址池命名分别为 test 和 business
SW1(config)#ip dhcp pool test
SW1(dhcp-config)#network 192.168.10.0 255.255.255.0
SW1(dhcp-config)#default-router 192.168.10.1
SW1(dhcp-config)#dns-server 202.103.222.68
SW1(dhcp-config)#exit
SW1(config)#ip dhcp pool business
SW1(dhcp-config)#network 192.168.20.0 255.255.255.0
SW1(dhcp-config)#default-router 192.168.20.1
SW1(dhcp-config)#dns-server 202.103.222.68
```

（3）PC 机开启 DHCP 服务，查看能否获取信息，如图 7-6 所示。

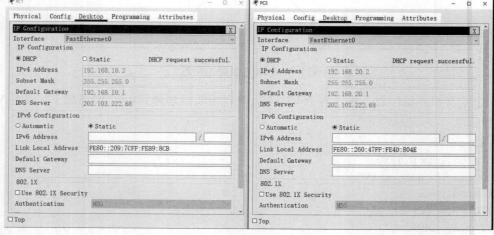

图 7-6 验证 DHCP 服务

（4）查看 DHCP 信息，如图 7-7 所示。

SW1#show ip dhcp binding

```
SW1#show ip dhcp binding
IP address          Client-ID/                Lease expiration      Type
                    Hardware address
192.168.10.2        0009.7CB9.08CB            --                    Automatic
192.168.20.2        0060.474D.804E            --                    Automatic
```

图 7-7　查看 DHCP 服务信息

【思考与练习】

按照如图 7-8 所示拓扑图，通过在路由器上添加 DHCP 服务使主机可以动态获取 IP 地址，并实现主机的互通。

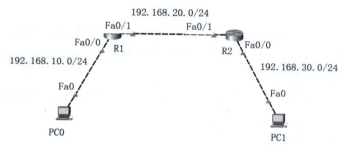

图 7-8　DHCP 服务实验拓扑图

任务7.4　交换机生成树技术（STP）

【任务描述】

STP（Spanning Tree Protocol）是生成树协议的英文缩写，可应用于计算机网络中树型拓扑结构建立，主要作用是防止网桥网络中的冗余链路形成环路工作。刘芳通过在模拟器上配置生成树协议来解决环路的问题。

【任务要求】

（1）了解生成树的概念。
（2）掌握生成树的选举方法。
（3）掌握生成树的配置方法。

【知识链接】

7.4.1　生成树协议

生成树协议就是在具有物理环路的交换机网络上生成没有回环的逻辑网络方法。STP 使用生成树算法，在一个具有冗余路径的容错网络中计算出一个无环路的路径，使一部分端口处于转发状态，而另一部分处于阻塞状态，也就是备用状态，从而生成一个稳定的、无环的树型网络拓扑。如果一旦发现当前路径故障，生成树协议能立即激活相应的端口，打开备用链路，重新生成 STP 的网络拓扑，从而保持网络的正常工作。

7.4.2 生成树工作原理

STP 通过阻塞冗余路径上的一些端口，确保到达任何目标地址只有一条逻辑路径，STP 借用交换 BPDU（Bridge Protocol Data Unit，桥接数据单元）来阻止环路，BPDU 中包含 BID（Bridge ID，网桥 ID），用来识别是哪台计算机发出的 BPDU。在 STP 运行的情况下，虽然逻辑上没有了环路，但是物理线上还是存在环路的，只是物理线路的一些端口被禁用以阻止环路的发生，如果正在使用的链路出现故障，STP 将重新计算，部分被禁用的端口将重新启用来提供冗余。

STP 使用 STA（Spanning Tree Algorithm，生成树算法）来决定交换机上的哪些端口被堵塞以阻止环路的发生，STA 选择一台交换机作为根交换机，称作根桥（Root Bridge），以该交换机作为参考点计算所有路径。

生成树协议运行生成算法，生成树算法很复杂，但是其过程可以归纳为以下 3 个步骤。

（1）选择根网桥（root bridge）。

（2）选择根端口（root ports）。

（3）选择指定端口（designated ports）。

【实现方法】

按照如图 7-9 所示拓扑图，完成交换机的生成树配置。

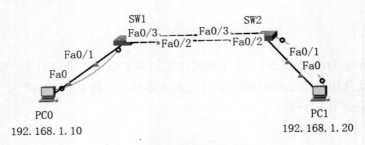

图 7-9 生成树实验拓扑图

（1）交换机 SW1 配置生成树。

```
Switch>enable
Switch#configure terminal
Switch(config)#hostname SW1
SW1(config)#spanning-tree vlan 1
SW1(config)#spanning-tree mode pvst
SW1(config)#spanning-tree vlan 1 priority 4096
SW1(config)#int f0/2
```

SW1(config-if)#spanning-tree vlan 1 port-priority 32
SW1(config-if)#exit

（2）查询生成树配置，如图 7-10 所示。

SW1#show spanning-tree

```
SW1# show spanning-tree
VLAN0001
  Spanning tree enabled protocol ieee
  Root ID    Priority    4097
             Address     0001.63BA.AA4C
             This bridge is the root
             Hello Time   2 sec  Max Age 20 sec  Forward Delay 15 sec

  Bridge ID  Priority    4097  (priority 4096 sys-id-ext 1)
             Address     0001.63BA.AA4C
             Hello Time   2 sec  Max Age 20 sec  Forward Delay 15 sec
             Aging Time   20

Interface        Role Sts Cost      Prio.Nbr Type
---------------- ---- --- --------- -------- --------
-------------------------------
Fa0/1            Desg FWD 19        128.1    P2p
Fa0/3            Desg FWD 19        128.3    P2p
Fa0/2            Desg FWD 19        32.2     P2p
```

图 7-10　查询生成树配置

【思考与练习】

按照如图 7-11 所示的拓扑图，通过设置优先级更改生成树的选举。

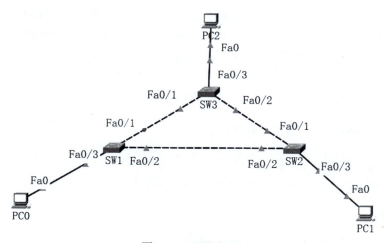

图 7-11　配置生成树协议

任务 7.5　热备份路由协议（HSRP）

【任务描述】

热备份路由协议是一种重要的网络技术，能够有效地提升网络的稳定性和可靠性。在建设和维护网络时，刘芳同学想要充分了解和利用这种协议，以确保网络的正常运行和数据的安全传输。

【任务要求】

（1）了解 HSRP 的原理和作用。
（2）掌握 HSRP 的配置方法。

【知识链接】

7.5.1 HSRP 的概念和原理

1. HSRP 概念

HSRP 全程热备份路由选择协议，是 Cisco 私有的一种技术。HSRP 确保了当网络边缘设备或接入设备出现故障时，用户通信能迅速透明地恢复，以此为 IP 网络提供冗余性。

2. HSRP 作用

HSRP 作用就是提高网络的可用性，当网络边缘设备或接入链路出现故障时，HSRP 协议自动切换到备用路由器来保证网络正常运行。

3. HSRP 原理

通俗点讲，HSRP 工作原理就是把多台路由器组成一个虚拟路由器。HSRP 组内的每个路由器都必须有制定的优先级，默认优先级为 100。在配置过程中通过手动指定优先级（范围 0～255）来控制路由器。HSRP 组内最高优先级的路由器为活跃路由器。

7.5.2 HSRP 的配置

在路由器上配置 HSRP，设置指定优先级：

```
R1(config)#int f0/0
R1(config-if)#standby 1 ip 192.168.10.254
R1(config-if)#standby 1 priority 200      //优先级默认 100，范围为 0-255
```

【实现方法】

按照如图 7-12 所示拓扑图，进行 HSRP 的配置。
（1）配置路由器端口 IP 地址。

```
R1(config)#int f0/0
R1(config-if)#ip address 192.168.1.252 255.255.255.0
R1(config-if)#no shutdown
R1(config-if)#int f0/1
R1(config-if)#ip address 192.168.2.1 255.255.255.0
R1(config-if)#no shutdown
R2(config)#int f0/0
R2(config-if)#ip address 192.168.1.253 255.255.255.0
```

```
R2(config-if)#no shutdown
R2(config-if)#int f0/1
R2(config-if)#ip address 192.168.3.1 255.255.255.0
R2(config-if)#no shutdown
R3(config)#int f0/0
R3(config-if)#ip address 192.168.2.2 255.255.255.0
R3(config-if)#no shutdown
R3(config-if)#int f0/1
R3(config-if)#ip address 192.168.3.2 255.255.255.0
R3(config-if)#no shutdown
R3(config-if)#int f1/0
R3(config-if)#ip address 192.168.4.254 255.255.255.0
R3(config-if)#no shutdown
```

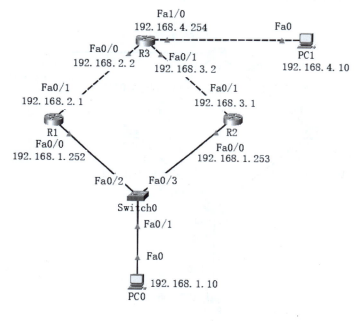

图 7-12　HSRP 配置

（2）配置主机 IP 地址。

（3）R1 和 R2 上配置到外网的默认路由。

```
R1(config)#ip route 0.0.0.0 0.0.0.0 192.168.2.2
R2(config)#ip route 0.0.0.0 0.0.0.0 192.168.3.2
```

（4）R3 上配置到内网的静态路由。

```
R3(config)#ip route 192.168.1.0 255.255.255.0 192.168.2.1
R3(config)#ip route 192.168.1.0 255.255.255.0 192.168.3.1
```

（5）在 R1 上配置 HSRP，指定优先级为 200。

```
R1(config)#int f0/0
R1(config-if)#standby 1 ip 192.168.1.254
R1(config-if)#standby 1 priority 200
```

（6）在 R2 上配置 HSRP，指定优先级为 195。

```
R2(config)#int f0/0
R2(config-if)#standby 1 ip 192.168.1.254
R2(config-if)#standby 1 priority 195
```

（7）在 R1、R2 上查询 HSRP 信息。

```
R1#show standby brief
R2#show standby brief
```

（8）测试主机的连通性。

```
C:\>ping 192.168.4.10
```

【思考与练习】

按照如图 7-13 所示拓扑图，用三层交换机代替路由器作为网关设备，配置 HSRP。

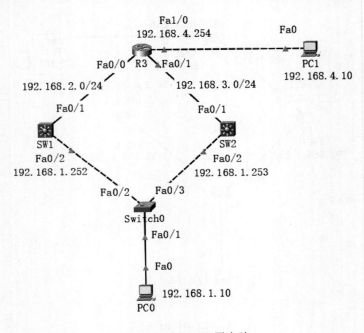

图 7-13 HSRP 配置实验

参 考 文 献

[1] 危光辉. 网络设备配置与管理[M]. 北京：机械工业出版社，2016.
[2] 肖学华. 网络设备管理与维护实训教程[M]. 北京：科学出版社，2011.
[3] 钮立辉. 网络设备配置与管理项目实训[M]. 北京：中国铁道出版社，2020.
[4] 覃达贵. 网络设备配置与管理[M]. 北京：电子工业出版社，2019.
[5] 张文库，鲍洪梅，孙海龙. 网络设备安装与调试[M]. 北京：电子工业出版社，2021.

参 考 文 献